人类的进击

从东方到西方不甘平庸的人们

唐文——著

中信出版集团 | 北京

图书在版编目（CIP）数据

人类的进击 / 唐文著 . -- 北京：中信出版社，
2019.10

ISBN 978-7-5086-9916-5

Ⅰ . ①人… Ⅱ . ①唐… Ⅲ . ①人类进化－普及读物
Ⅳ . ① Q981.1-49

中国版本图书馆 CIP 数据核字（2018）第 297800 号

人类的进击

著　　者：唐文
出版发行：中信出版集团股份有限公司
（北京市朝阳区惠新东街甲 4 号富盛大厦 2 座　邮编　100029）
承 印 者：北京诚信伟业印刷有限公司

开　　本：880mm × 1230mm　1/32　　印　　张：11　　字　　数：213 千字
版　　次：2019 年 10 月第 1 版　　印　　次：2019 年 10 月第 1 次印刷
广告经营许可证：京朝工商广字第 8087 号
书　　号：ISBN 978-7-5086-9916-5
定　　价：59.00 元

人因真爱而有激情

目　录

600 年前始：从世界的尽头到无尽的未来

200 年前始：超越快乐，追寻幸福

20 世纪始：生活即艺术

人因真爱而有激情

唐文

我一直筹划写一本《创新简史》，却迟迟没有动笔，如今，摆在大家眼前的倒先是这本《人类的进击》，原因何在？

现在很少有人把好生活定义为吃得好穿得好，人们有着越来越高层次的生活追求，不少人开始认识到这样一个事实——人生其实有很多可能性，我们不一定非要按照父母或者其他人的期望来过。人人都想主导自己的人生，而不甘心墨守成规地按照剧本去生活，人们越来越追求富有激情而尽兴的人生，并期望自己在艺术欣赏中获得的短暂的审美巅峰体验，能成为生活中真实而持久的感受。

艺术家凭借其丰富的想象力，为我们塑造出不同于现实的多种可能性，由此给我们带来富有激情的巅峰体验，但遗憾的是，这种体验总是短暂的，之后我们还是要回到眼前单调而枯燥的现实中去。

事实上，我们每个人的内心深处都在追求一种源自生活的激情体验，这种内心深处的渴望让生活具有了艺术的意味。实现生活的艺术的关键路径就是创新。从宏观来看，创新能够不断打破现实中的呆板和无味，它让这个世界的未来绽放多样的可能性。从微观来看，对大多数人来说，成为有创新能力的人，意味着加入创新型公司，通过创新成果获得商业收益，从而获得对生活更大的选择权，进而能够更有力地主导自己的人生。

创新之路漫长，其中充满艰难险阻，走这条路需要激情，这种激情保持三天、五天容易，保持三年、五年很难。同样，一个公司保持一年、两年的激情容易，保持一二十年的激情就很难。

最后能捕捉到未来多样可能性的人或公司，往往坚韧不拔，熬得过千难万险，这样的人或公司共同的特质就是富有持久的、源自内心的激情，不会被岁月的坎坷磨平。

这就让我有了浓厚的兴趣，能让创新者始终满怀激情的源头动力究竟是什么？

以《从0到1》《看见未来》《轻营销》《秒懂力》为媒介，我和国内外活跃于创新创业领域的个人、机构和企业建立了诸多连接，借机拜访了数以百计的致力于创新的企业、商学院、商业社群，并和数以千计的企业中高层、科学家、艺术家及各类技术专家等做了交流，最后做出如下总结：

创新源于想象，想象源于好奇，好奇源于激情，激情源于真爱，真爱源于大美。

提到创新，人们首先容易想到的是高新科技。科技的发展一方面拓宽了创新的疆域，另一方面也不断明晰创新不可逾越的边界，创新再大胆也不能违背科学的基本规律，例如所谓的“永动机”描绘起来很美妙，但历史已经反复证明把“永动机”作为目标去追求只是徒劳。

不过从象牙塔里发现的科学规律到改变世界的鲜活创新还有漫长的道路要走，其中尤其需要想象的助力。

想象的翅膀一旦伸展开，一方面可以推动探索科学规律边界的极限；另一方面则至关重要——在尊重、不逾越科学规律边界的同时，又能大步跨越不同学科、不同领域的界限，打破各种思维的条条框框，捕捉住那些看似没有联系、实则至关重要的弱关联，把表面不相干的要素重新组合起来，进而创造出改变世界的新物种。

这大概类似于孔子所言的人生最高境界：从心所欲而不逾矩。

什么样的人会富有想象力呢？答案是富有好奇心的人。

所谓想象就是打破人们习以为常的眼前现实去探索常人想不到，或者不愿追寻的可能性，这背后就需要好奇心的推动。

这种好奇不是对别人隐私八卦式的好奇，而是对世界各种可能性的好奇，富有好奇心的人有一个共同特点——特别善于提问。无论现实给出的答案有多么完美，他们还是感到不满足，而不断揣测另外的可能性，提出在别人看来匪夷所思的问题，无论是把这些问题提出来问别人，还是自己埋在实验室、图书馆或者互联网上寻找新答案的线索，归根到底是他们认定事情必定有多种可能性，眼前的现实不过只是其中某种可能性的呈现而已，绝非全部真相。

从“确定”的现实好奇地迈向“不确定”的可能性，就意味着冒险，冒险就要付出代价，有时代价还颇为沉重，甚至会献出宝贵的生命。这种看起来不理性的行为肯定不能完全用四平八稳的投入产出比来衡量，所以好奇一定需要激情来驱动，激情因此有超越理性，甚至带点疯狂的味道。

既然激情是为了可能性而冒险，那飘忽不定的可能性对冒险者来说一定有着非同寻常的价值，真爱会成为最大的价值源头和驱动力，冒险者会“冲昏了头脑”富有激情地去追寻真爱，就如我们在个人生活里会为了真爱的玫瑰而甘洒热血一样。真爱的范围虽然包括爱情，实际却要丰富得多。

谈到“激情”我们想到的一定是让人热血沸腾的故事，而不是枯燥乏味的逻辑论证，这本书采用了茨威格《人类群星闪耀时》的叙事方式，由一个又一个故事组成，这些故事都曾深深打动过我，只要它们浮现在脑海中，我就会感到热血沸腾。全书以故事为线索，因此，它的可读性很强，从中学生到上市公司董事长都可以读。

当然，这本书之所以会追溯历史，目的是要探讨“激情”的“进化”历程，这才好让我们清楚“激情”的来龙去脉，不用讳言，这本书不可避免地受到了《物种起源》《人类简史》《失控》《自私的基因》《枪炮、细菌和钢铁》等经典名著思想的影响，但从根底里，还是来自自我在北大研读哲学美学研究生时开始的对人性和世界的思考和探索，是一种哲学视野。

究竟是什么触发了真爱？是“大美”。“大美”一词来自庄子，所谓：天地有大美而不言。（按章启群先生《庄子新注》，此处“美”大致为“德”意，但本书取字面含义。）

在个人情感中，有所谓的情人眼里出西施。一旦你发现了某人的“大美”，无论她 / 他在别人眼里是什么形象，你会义无反顾地对她 / 他生起真爱，狂热追寻。同样地，这种“大美”会存在于科学探索、艺术创作、商业运营等领域中，一旦领略到“大美”，人的真爱火种蓦然点燃，越烧越旺，这样的人注定无比狂热，不同寻常，敢于冒险，甚至甘愿自我牺牲、冒天下之大不韪地放手一搏去捕捉那些最为渺茫的可能性。

这个世界上曾经生存过成千上万的物种，但只有人类能书写历史，原因在于人类的生存方式总在呈现丰富多彩的变化，各种可能性、多样性不断地涌现出来。无论前人把这个世界塑造得多么完美，后人中总有不安分的人，富有激情地要找到更好的可能性。在人类文明的摇篮时期，这种使命更多由艺术家背负，他们在文学作品、雕塑、绘画等艺术中，展开不同于现实的想象世界，让我们叹为观止，甚至激动得泪流满面，但人类始终不甘心于只从短暂的艺术欣赏中获得这种体验，而勇敢地探求科技和商业的力量，让生活、让现实世界本身成为追寻无限多可能性的艺术。

激情终究会属于我们每个人的生活追求和日常体验！

人生有限，无论我们怎么努力追求活得更长，生命终将有一天走到尽头，那时回首往事，如果这辈子只是为了成为别人喜欢的人，甚至只是为了成为不让别人讨厌的人，自己的潜能没有发挥出来，过得并不尽兴，缺乏激情，也没有给这个世界留下有意义的痕迹，这样的人生又有什么意思？所以，本书献给每一个不想明天只是今天的重复，而力图捕捉更多可能性，富有激情，想让这个世界变得更加美好的人！

从顺应可能到创造可能

如果把时间线拉得足够长，以“亿年”为单位来审视这个世界的过去，那么我们会惊叹这个世界其实充满着变化和多样可能性，自然本身就“富有激情”而“擅长创新”，只是节奏慢了一些。在地球的历史中，人类的出现是一个里程碑的事件，人类从诸多生物中脱颖而出，超越本能驱动，不仅能够顺应可能性，而且能创造可能性，节奏越来越快，逐渐展开了这个星球上最为波澜壮阔的激情进击的历程。

悲剧，艺术的局限

谈到激情，谈到美，就不能绕开肉身这个话题，所以我们从古希腊对肉身之美狂热的追求开始我们的故事。同样是在古希腊，哲学家柏拉图明确地把肉身和灵魂分离开来看，在柏拉图的笔下，苏格拉底能从容面对死亡，正是因为他舍弃了对肉身的贪恋，而追求灵魂层面的激情。同样还是在古希腊，这个时代不少代表性悲剧所刻画的不是弱者的悲剧，而是强者的悲剧，古希腊悲剧敏感地捕捉到了人力再强大，也和神有条边界的无奈，自此以后，人的激情就体现在不断试图跨越和推进这条边界，进入本属于神，或者说本属于想象和可能性的疆域。所以古希腊的艺术虽然辉煌，最终却让人醒悟到——仅仅只有艺术远不足以让我们的人生更加精彩。

在庄子看来，人生就应该打破那些虚妄的条条框框，在天地间无拘无束地逍遥游，所以庄子表现了卓绝的想象力。天地有大美而不言，“大美”构建起人生的意义和价值，玄奘显然就是一位为心中“大美”而满怀激情进击的典型人物。激情满满但风格迥异的玄奘和李白都出现在大唐绝不是偶然，丝绸之路让各种文明在大唐交汇，由此燃起的想象空间无比宏大，这就难怪《西游记》，中国四大名著里唯一一部勾勒出精彩纷呈想象世界的小说会以大唐为背景。

激情不只属于少数精英，从历史的演进过程来看，越来越多的人可以从柴米油盐的拘束中挣脱出来，富有激情地去构建自己的意义世界，原因之一得益于金融的创新——钱是艺术之外又一推进激情演进的有力力量，所以本书以窥一斑而见全豹的方式特写了“纸币”诞生和大宋的一段历史。

从世界的尽头到无尽的未来

很多人把大航海时代视为“开启”，但我将其视为“终结”。

从古至今，人们对财富有着不懈的追求，获取财富的方式有“水平式”，例如通过贸易、战争从别人那里获取。这种方式宏观来看，总财富不显著增加，甚至会减少，只是财富在不同主体之间发生了水平转移。大航海最终让人们认识到，这个世界就是一个球体，不是无边无际的，总面积是有限的，换句话说，仅仅只通过“水平式”获得的财富理论上也是有限的。

“水平式”获取财富非但是“量”有限，而且“质”更有限。古人之所以比今人更容易视钱财如粪土，是因为当时很多东西有钱也买不到，例如当时医疗水平有限，患了诸如天花、肺结核这样的病，即使有钱，不少人也只能眼睁睁等死，不像今天能有诸多有效的医疗方案可供选择。所以，大航海之后人们更多重拾起古希腊悲剧的那个主题——跨到可能性的疆域去，求取财富“垂直式”地实现“质”的增长。这就有了文艺复兴和随后的现代科技兴起。

作为金融大亨，美第奇家族推动了文艺复兴，有意思的是，文艺复兴的苗头正是昔日古希腊罗马对肉身的热爱重新萌动，但这只是表面，从更深层次来看，人类已经将焦点瞄准财富“垂直式”的增长了。

这一次，人类对财富的仰望从世界的尽头推向了无尽的未来。

真正掀起巨浪的是现代科学研究规范的确立，保护创新的专利制度的确立，以及诸如伦敦这样现代城市的崛起，为工业革命奠定了基础，最终工业革命彻头彻尾改变了人类的命运。仅一个有力的论据就可以表明这场革命的非凡意义——从全球人口数量增长趋势看，地球上人口数量真正进入大爆炸增长阶段是从工业革命开始的。

现代城市的崛起和工业革命的推动，让创新不再只是某个天才灵感一来偶发的举措，创新之间形成的网络连接密度更大，互动更加紧密，整个创新呈现加速度的爆发。

超越快乐，追寻幸福

电不仅掀起了能源革命，而且掀起了信息革命，它的传输速度快得惊人，这让创新之网的网络效应更加显著。但最让大众受益的是奠基于此的大规模制造的兴起，福特改造生产流水线，造出了让流水线上工人都买得起的汽车，人们对自己的人生越来越有选择权。激情不再只由英雄故事传递，越来越多人从自己的生活和工作中体会到激情。

但大规模工业制造并没有完全解放激情，《美丽新世界》揭示了大规模工业制造对这个世界影响的另一面——我们虽然获得了安全、快乐，但我们的人生变得更多由外界的世界来定义，如果失去自我，就失去了幸福，快乐并不等同于幸福。

生活即艺术

正义在二战中获胜，凭借的力量不仅有战场上的士兵和炮火，还有一度不曾为世人所知的信息。古希腊的毕达哥拉斯学派曾宣称数是万物的本原。抽象的数字真的对现实世界影响这么大吗？布莱切利庄园用他们创新的成果漂亮地回答了这个问题。

1969 年，互联网诞生，人类也在这一年登上了月球，这都是人类进击的里程碑。互联网其实只是诸多网络中的一种，但在今天人们的日常表达中，人们常常直接就把互联网称呼为网络，可见互联网对世人的影响之大。早在 19 世纪时，诗人拜伦的女儿阿达·洛芙莱斯提出"诗意科学"的理念，她认为科技终将与艺术结合，冷冰冰的机器会注入人文的温暖，这在互联网时代成为现实。在互联网兴起的半个世纪以来，越来越多的个体可以通过互联网与越来越庞大的群体建立连接，获得群体的各种支持，但更关键的是，富有激情的个体只要保持理性和冷静，就不会在这个过程中"沉沦"，失去自我。越来越多的人可以通过创新，加入富有创新力的公司而改变自己的命运，硅谷就成为这个历程的缩影和典范。而企业家，尤其致力创新的企业家，成为推动创新改变这个世界的中枢力量，让科技改变世界的路径足够短。

以上的描述看似为人类的进击高唱赞歌，人类真的已经趋向于完美了吗？只以催眠这个领域的进展为例，我们很快就能发现，即便到了今天，我们对自身的了解其实才刚刚开始，更不用说我们要面对的这个浩渺的世界。

无论科技多么发达，未来的道路总会充满未知，人类仍在激情地进击中。只是与两三千年前古希腊以艺术体现激情大有不同，我们及未来的世世代代，审美的巅峰更多会从生活本身，而不是假借艺术体验到。作为想象和实现诸多可能性的艺术，已经超越雕塑、绘画、音乐、建筑等局限，而进入了现实世界，昔日艺术家的使命，日渐由科学家、企业家肩负起来。

生活即艺术！

远古传说：从顺应可能到创造可能

多细胞与性

哲学家卡尔·波普尔曾说过："科学必定源于神话，并在对神话的批评中成长起来。"约翰·马瑟和乔治·斯穆特获得2006年的诺贝尔物理学奖，无疑是对这句话的有力例证，他们因发现宇宙微波背景辐射的黑体形式和各向异性而获此殊荣。瑞典皇家科学院盛赞这两位科学家回溯到宇宙的初期，着力对各种星系和星体的起源做出科学的探究。

对宇宙起源的解释不是个新话题，数千年前，这个世界上就流传与此相关的各种神话传说，给出的解释千奇百怪，这些神话传说更多仰仗脱缰放马的想象力，满含激情，又不失智慧的光芒。而约翰·马瑟和乔治·斯穆特的成就之所以成为一个耀眼的里程碑，有力地支持了宇宙大爆炸理论，正在于他们不仅依靠想象力，而且以NASA（美国国家航空航天局）于1989年发射的COBE（宇宙背景探测器）卫星的探测数据为基础展开科学研究，并最终慎重地得出自己的结论。

得益于许多科学家的努力，今天我们可以科学地推测，宇宙并非无始无终，至少不是"无始"的（在这一点上不少神话说对了），而是起源于约137亿年前的大爆炸。同样，我们赖以生存的地球也不是自来就有，大约45亿年前，地球才奇迹一般粉墨登场。

说这是一个奇迹，并不是因为地球是我们的家园就要自吹自擂，而是因为在地球上最终出现了生命。迄今为止，我们在浩瀚的宇宙中还没有发现其他星球有生命的迹象。可怜的人类不时就感到孤独，而无数次满怀激情地想象过与外星人相遇的场景，就如科幻电影《外星人E.T.》或者《星际迷航》带给我们的畅想一样。

略有些遗憾，这些激动人心的场景只在文字或者银屏上呈现，至今没有确切证据表明这样的事情发生过，我们始终没有摆脱孤独。值得欣慰的是，孤独也常常扮演激情母亲的角色，最富有激情的人常常也是最孤独的。

距今37亿~35亿年前，地球上出现了生命。从生命初露头角到人类最终登场，生命的进化是个极其漫长，又富有魔术意味、激动人心的过程。常常我们只是对这个进程的某个片段偶然一瞥，就会感到激情澎湃。

好莱坞的鸿篇巨制《侏罗纪公园》系列第一部1993年刚上映时，就在全球引发了巨大的轰动，该片预算仅仅6 300万美元，但在全球斩获了10.3亿美元的票房收入。人们对于恐龙这样古老的生物充满了好奇，无论男女老少都乐意走进影院，感受恐龙在银屏上“复活”的刺激。岂不知“侏罗纪”距今才只有2.05亿~1.44亿年。

在生命漫长进化的历程中，有两件大事和我们今天津津乐道的激情特别相关。

首先是多细胞生物的出现。远早于多细胞生物出现的是单细胞生物，直到今天，地球上还活跃着“老字辈”的单细胞生物的后裔，例如阿米巴虫，你甚至可以在家门口的小水池里发现它们，在水田、小溪、湖泊里都可以找到它们的踪影。阿米巴虫是“变形虫”的音译，它们善于改变自己的形体，自由变换出许多“伪足”，有些变形虫能入侵人或动物的体内引发疾病，例如痢疾内变形虫。不要小瞧这些个头不大、结构简单的生物，阿米巴虫作为一个群体生命力无比顽强，因此当号称日本“经营之圣”的稻盛和夫创立他独到的经营管理方式时，就将其命名为“阿米巴经营模式”，这一名称，就是借用阿米巴虫虽然个体小，但善于变化，有很强的适应力，作为种群生命力超级顽强的特性。

不过话又说回来，如果生命一直处于单细胞状态，生命形态就不会呈现太多的可能性，也就不会进化到有人的出现。生物体呈现多样性，得益于多细胞生物的出现，这是不到 15 亿年前的事情了。

细胞与细胞连接起来排列组合的可能性呈现指数级增长，这推动了生命的形态走向多样性，随后才有了我们今天看到的花鸟鱼虫树草如此绚丽多姿的生命形态。

无论多么庞大复杂的生物体，都是由一个一个细胞连接起来的，只是连接的方式或者精巧度有所区别而已。这就像搭积木一样，只有把不同的积木块用各种可能性连接起来，才可以搭出让人炫目的多样形态。想一想简单的乐高小模块，按照不同方式连接，最后能够搭建出让你眼花缭乱的房子、车、飞机、小人……你就容易理解这其中的奥妙。

组成生物体的细胞数量呈现指数级的增长，不仅可以推动生物多样性的爆发，而且可以推动生物体实现更加复杂的行为。以人体为例，一个成年人身上的细胞数量约为40万亿个。这个数量级是什么概念？今天我们不断抱怨地球上人口太多，简直拥挤不堪。其实，地球上人口数量目前也只是70亿而已，和40万亿的数量级相比，那简直就是沧海一粟。

但正是因为有了如此数量庞大的细胞，人的行为表现才能无比丰富复杂，可以完成跳跃、进食、生殖、思考等复杂的行为，也才能因此表现得有激情。顺带我们可以闲扯下大自然这位真正的创新大师，你知道它创造了多少杰作吗？2011年生物学家卡米罗·莫兰等做出一个推测，全球的真核生物物种数量约为870万（浮动误差130万），这只是一个推测而已，在近37亿年的生命演化历程中出现的物种远远超过这个数量级。确切说来，大自然才是富有激情、善于创新的大师，只是它的节奏稍微慢了点，摆弄了近37亿年才把我们人类创造出来。

在进化中和激情密切相关的另一件大事是“性”的出现。性是生命中特别重要的一个主题。

尽管有人不情愿承认，但从狭义上来说，激情就是指性带给我们的快感。感谢在生命进化中性的出现吧，它让我们大多数人都有机会去体验激情。

尽管性构成了激情最基础的体验，但性肯定不是激情的全部，它带来的激情体验往往来得快去得也快，对个人和群体行为的长远影响比较有限，所以本书中所谈论的激情另有深意。受此影响，本书中大多数故事与性，甚至和爱情无关。但您也别太失望，我们肯定还是有几个这样的故事，而且一定写得荡气回肠，催人泪下。

激情是面向不确定性的

计算机被发明出来时，人们很容易想到的一个应用就是用计算机下棋。有些棋非常简单，以至其下法的可能性是很容易穷尽的。例如我们从小就会画一个九宫格，两个玩家轮流在每个格子里画“×”和“O”，最先连成一条直线的玩家获胜。这种对弈非常容易用计算机实现，而且如果你选择让计算机先下第一枚棋子，那么你极有可能输掉棋局。计算机的下法是个有限集，下这种棋，没有太多激情可言，因为一切都是确定的。

有些棋就相对复杂一些，例如国际象棋，它由 8 × 8 个黑白相间的格子组成。尽管国际象棋中每个棋子的走法规则也是确定的，但不同棋子的走法排列组合起来可谓是一个天文数字，想要穷尽国际象棋的所有棋局，是极大的挑战。

饶是如此，1997 年，IBM（国际商用机器公司）的计算机“深蓝”仍然下赢了当时世界排名第一的国际象棋大师卡斯帕罗夫。

这个战胜人类顶级棋手的大家伙每秒可以运算 2 亿步棋，虽然它不是使用穷举法取胜（事先把所有可能的棋局都输入计算机），但无可否认计算机之所以能赢，多少跟国际象棋棋局可能性的数量级相关。

相对来说，国际象棋还不是所有棋类中棋局可能性的数量级最为庞大的，围棋才是。围棋共有 19 × 19 个棋盘格，虽然每个点上落的不是白子就是黑子，但这个排列组合的数量级远超 8 × 8 的国际象棋。也就是说，围棋的不确定性远远超过国际象棋。因此，1997 年人类在国际象棋对弈中败于计算机后，有人安慰说，不要紧，计算机肯定无法在围棋中战胜人类。

要命的是，这种自傲还没有坚持10年就被打得支离破碎。2017年，谷歌的阿尔法围棋与当时世界围棋选手中排名第一的柯洁对弈，柯洁三局全败。失败的不仅是柯洁，谷歌的阿尔法围棋所向披靡，目前还没有人类棋手可以战胜它。

当然，围棋下法的排列组合只不过是在19 × 19个棋盘格上展开。生物细胞的数量级远超这个范围，如前所述，一个成年人身上的细胞数量超过40万亿。而且细胞与细胞的连接处在复杂的立体空间，而不是在一个严格遵循逻辑规则的平面展开。

人类面对的这个浩渺的世界，各种事情的排列组合又会达到多大的数量级？我们难以预测，只能说数量很大，超乎想象。

如果这些排列组合是个有限集，这就意味着各种“玩法”的数量其实早就是确定的，就如下九宫格棋一样，那样我们只需要遵循下棋的套路，按部就班便能战胜对手。

按部就班需要什么激情？

人类的进击

但如果世界是个无限集，我们永远要面对不确定的未来，没有严格的套路可以依循。面向不确定性，我们要勇敢地走下去，就不得不唤起激情。

人生也好，文明也罢，远比棋局复杂得多，各种连接排列组合的可能性远远超出我们的想象。我们不能指望买到一套列明世界所有事情可能性的百科全书，然后一分一秒地按照书上的指导做好所有的事。

激情就要面对不确定性。当然，不排除一种可能，有一天计算机能够穷尽人生的各种可能性。那时一切都归于确定性，人类也就不再需要激情。这一天是否会到来，仍然是不确定的！

直立行走

生命缓慢地演化了37亿年之久，差不多500万年前，人类的祖先才零星出现在地球上。

你也猜到了，人类的祖先是古猿。

是的，古猿，注意不是猴子。有些小孩，甚至包括一些成年人，认为人类是猴子变来的，其实猴子只是我们的远亲。当猴子还爬在树上相互打闹、抓虱子时，我们的老祖宗就勇敢地站起身子，开始直立行走。

每一天，我们都在直立行走，丝毫不觉得这是一件多么了不起的事情，但其实学会直立行走并没有那么轻松。你注意观察下小宝宝，他们长到1岁左右，需要在父母的悉心教导和帮助下花费好长一段时间才能够学会直立行走。

真难想象在数百万年前，我们的祖先居然能在没有他人指导的情况下，勇敢地超越本能，直立起身躯来眺望远方。

是什么推动古猿直立行走？

我们可以在这里列出学术界的几十种说法。好吧，绕开这些烦琐的工作，在这里只强调一点：古猿之所以学会直立行走，重要原因之一就是环境变了。

从宇宙大爆炸那一瞬间起，“变化”就没有停止过。有些变化是突如其来的，例如火山喷发；有些变化则耗费了很长时间，在生物个体短暂的生命周期里难以觉察，例如冰河期的到来。

变化有时意味着好事，如果气候变化促使水草变得丰美，食物更加充裕，那么生活就会变得相对容易一些。但更多时候，变化是环境对生物的折磨，让生物对本已经熟悉、赖以生存的环境感到陌生，因而难以适应现在的环境。

头脑简单的古猿面对巨变的环境肯定会手足无措。不是这样吗？即便今天科技已经高度发达，人类对于许多变化仍然束手无策，哪个国家成功地遏制过火山喷发或者大地震吗？掌握了许多高科技的人类尚且不能自如应对大自然环境的变化，区区几只古猿就更无能为力了。

幸好，人类的激情在祖先那里早早就体现了出来。他们没有坐以待毙，而是寻找各种顺应变化的方法。我相信我们的祖先除了直立行走，一定还做了很多艰辛的尝试。

到了文明高度发达的20世纪，学富五车、聪明的爱迪生发明电灯还试验了上千种材料呢。在几百万年前的一只头脑简单的古猿当然不可能只观察一下周围的环境，突然就扶着树干站起来宣称：为了顺应变化，我们开始直立行走吧。找到顺应变化的方法一定是个漫长而痛苦的过程，其间肯定有许多无奈，但我们的祖先没有屈服于变化的环境，而在诸多可能的尝试中最终摸索出了关键的出路之一——直立行走。他们一定为此付出过沉重代价，但他们一定满怀激情地面对这个漫长的磨难。真遗憾，那个时代没有类似荷马或者华兹华斯这样杰出的诗人，能把这段激情的探索记录下来。因为语言和文字的出现还需要漫长的时间。

尽管如此，我们还是可以从这段推断多于事实的历史中挖掘出一些有关“激情”的内涵。激情会让你呈现“超越本能”的特点（所以激情绝非只限于属于本能的性行为）。本能往往是为了适应之前的环境而铸就的，来自过往的沉淀，而不是面向未来的探索，一旦环境恶变，还按照既有的本能行为做事的人一定会被环境淘汰（从个人角度来说，与本能类似的就是习惯，我们常常不知不觉就陷入某些本能和习惯的圈套里从而磨灭自己的激情）。

我们之所以需要激情，是因为激情能推动我们的行为越过既有本能的障碍（按照本能，我们的祖先更应该四肢着地而不是挺身直立）。与过往不同，面向未来行为做事，逃离眼前现实去创造新的可能，这是激情的一大特征，人也因此才能适应新环境，稍后我们会在本书中用诸多故事证明这一点。所以切记，激情的一大特征就是面向未来。

此外，激情要经得住时间的消磨（再次证明激情绝非只限于性行为）。古猿学会直立行走显然不是因为他们中间出现了某位天才，灵感迸发掌握了这个技巧，然后再办个培训班教授其他古猿如何直立行走。他们一定经历了漫长而痛苦的摸索过程，直到幸运地撞见直立行走这一正确的答案。

当人类的近亲和远亲还依循本能，四肢匍匐地“脚踏实地”时，直立行走最终将人和他的这些亲戚区别开。显而易见的好处是人类的“见识”从此与众不同了，从此要比他那些近亲和远亲“高上一等”了。

当古猿直立起身来行走时，他可以在行动时看到更远的地方，拥有更加广阔的视野，获取更加丰富的信息。无论是为了视野开阔多发现几片果林，还是尽早地避开猛兽，这都是大有好处的。更进一步的好处在于，直立行走让人的双手终于解放出来，这为人类学会使用各种工具埋下了伏笔。

要注意一点，拥有双足直立行走能力的动物绝非只有人一种。如果你真这么想，那你肯定漫不经心，早忘记了自己家院子里的鸡鸭鹅是怎么走路的。

虽然如此，直立行走确实是人类进化过程的关键环节，但这一点要跟人“投资”大脑的进化紧密联系起来才有意义，稍后我们聊到“盈余”时就会谈到这一点。

超越本能难吗?

想回答这个问题，先从一个我们熟悉的日常挑战开始——控制体重，远离肥胖。

发表在世界著名医学杂志《柳叶刀》上，题为《肥胖症变迁》的学术文章追踪了全球多个国家和地区的肥胖人群增长趋势。在过去 40 余年的时间里，尽管这个世界上由于饥饿、疾病等原因还有不少体重不足的人，但总体来看，肥胖人群数量呈急剧上升趋势。从 1975 年到 2016 年，男性人群的肥胖症比例从 3% 上升到 11%，女性则从 6% 上升到 15%，甚至在儿童群体里肥胖症的增长都非常显著。

肥胖所带来的健康问题是显而易见的，根据世界卫生组织对

2016 年全球 5 690 万例死亡的统计，在全球前 10 位死亡原因中，名列第一和第二的分别是缺血性心脏病和中风，而这两者和肥胖都呈正相关关系，或者说，人越肥胖，患上缺血性心脏病和中风（至少是缺血性中风）的概率就越高。

人为什么会肥胖呢？说到根本，就是人日常摄入的卡路里超过了消耗的卡路里，日久天长，人就会发胖。

表面看来，肥胖是一件可以自我控制的“简单”事情。如果你患上心脏病、糖尿病等病症，需要到医院排上很久的队，做一堆专业的检查，随后医生会为你制定眼花缭乱的治疗方案，开出名字就足以让人望而生畏的药品。但控制体重似乎只要坚持“少吃多运动”这一信条，只要尽量少地摄入卡路里，并通过坚持适当的有氧运动来消耗更多卡路里，就可以和肥胖保持距离。

控制体重真有这么简单吗？如果真是这样的话，就不会有前面我们提到的全球肥胖症增长的趋势了。控制体重要比我们想象中难得多，原因之一就是控制体重的很多行为是在和人的本能，和许多根深蒂固的习惯做斗争。

例如，控制游离糖的摄入是控制体重的有效方法之一（比如食物中添加的葡萄糖、果糖、蔗糖等，与之相对的则是在瓜果、蔬菜和牛奶中自然存在的糖）。

2015 年的时候，世界卫生组织发布了一份指南，建议成人和儿童应该将每天的游离糖摄入量减少到总能量摄入的 10% 以下，这样有益于健康，如果能减少到 5% 以下就更加理想了。

时任世界卫生组织营养促进健康和发展司司长弗兰西斯科 · 布兰卡博士说，有确切证据表明，如果游离糖摄入保持在总能量摄入的 10% 以下，可以降低肥胖和蛀牙的风险。

其实不用布兰卡博士这么严肃地对我们说，我们很多人也知道过多摄入游离糖对身体是不利的。日常更常见的情况是，虽然我们脑子里明白这个道理，肚子还是忍不住诱惑要塞进去加了很多游离糖的甜品和饮料，每次我们都会愧疚地告诫自己仅此一次，下不为例。很遗憾，这样的告诫从来只是起到安慰剂的作用而已。

为什么会这样？其实我们对糖的偏好不仅仅是我们个体的偏好，它来自漫长进化对我们根深蒂固的影响，由于在数百万年里人类长期处于能量稀缺的状态，所以对高能量食物有偏好的人类祖先获得了更多生存的优势。这就代代遗传，影响到生活在 21 世纪的我们。

挑战我们的本能，挑战那些根深蒂固的习惯究竟有多难？你可以试着节食一两个月。如果这样节食太艰苦的话，你可以试着只是抵制游离糖的诱惑。这种亲身的体验会更真切地让我们感受到，要拥有超越本能的激情，改变自己的行为是多么大的挑战。

语言的诞生

还有一项行为，也将人类和其他动物显著地区别开，即人类掌握了语言。

会说话，这在我们大多数人看来实在是件普通得不能再普通的事情。小孩一两岁时就牙牙学语，三四岁时就能流畅地使用语言，每个人都是如此，有什么值得大惊小怪的吗？

当然值得，因为除了人类，没有其他物种掌握了应用语言的能力。即使你试图教育一只聪明的猩猩，从它生下来起，天天训练它使其拥有使用语言的能力，最终这只猩猩也只会为了得到食物而做出反应。

语言的起源是个谜题。

《圣经》里有一个故事谈到了语言多样性的起源。最早的时候，人类联合起来，要造一座通天塔。人类协作的力量如此强大，这座塔越造越高，眼看就要到天堂了。上帝对此很不悦，人类如此大胆，居然想闯进他的领地。于是，上帝想出一个办法来打破人类的计划，他让这些造塔的人开始说不同的语言。人类的协作一下子被打乱了：搬砖的人听不懂砌砖的人说的话，砌砖的人听不懂和泥浆的人说的话，和泥浆的人听不懂搭脚手架的人说的话……总之，由于彼此语言不通，协作也就不能再推进下去，人类建造通天塔的工程就此搁浅。

虽然这只是个故事，而且主题是关于语言多样性的起源，并非关于语言的起源。但从这个故事里，我们仍然可以看到语言的本质。语言与人的协作有关，它体现了人类作为一种社会动物存在的力量。作为个体非常脆弱的人类一旦协作起来，会迸发巨大的力量。

协作意味着人类不再是单独的个体，也不是如狮群、猴群一样孤立的小群体，而是作为整个种群组织成的“网络”生存于世。重要的是，这个“网络”是在不断进化的。

最早，这种“网络”只零星体现为“部落”这样的单位；接着进化“连接”成为更大的网络单位，如“城邦”，而后进化为“国家”；随后人类的“网络”突破地理限制，在大陆上连接起来，接着跨越海洋，形成一个全球协作的“网络”，由此我们进入了“地球村”时代。

现在，我们还想把这种“网络”的连接延伸到外太空去……这个“网络”的内涵和外延也在不断进化，不再只围绕食物和避险展开，而逐步进化出语言网、交通网、贸易网、金融网……当然，还有你离不开的互联网。

只有人类的网络是以协作为基础不断展开的，因此，人类的发展是一部不断进击的史诗（稍后我们会聊到这个问题）。其他物种不能说没有协作，但其协作基本都局限在视线所及的范围内，而且协作的方式进化极其缓慢。例如狮群、猴群千百万年前就如此协作，今天也还是如此，没有任何进步。猴群在一起厮混了那么久，连最基本的语言网都没进化出来，更别谈什么互联网了。

人类的协作之所以能快速地进化，就是因为人类在进化的过程中获得了一种有力的武器——语言。

语言是协作的基础。语言的好处是显而易见的。例如，原始人可以告诉他的同伴，哪些野果草菌是有毒、不能食用的，哪些地方有危险不能去，这样简单的交流就可以拯救他人宝贵的性命，价值无限。

问题随之出现：语言既能推动协作，又具有欺骗性。用语言来欺骗同伴简直不费吹灰之力，动动嘴皮子就行。例如，原始人可以告诉他的同伴有毒的野果是可以吃的、危险的地方是安全的，只需动动嘴皮子，就能轻易消灭他不喜欢的人。

没有什么基因保证人类使用语言时一定说的是真话，我们的经验告诉我们，说假话太容易了，而且说假话常常很容易获得眼前的利益。比如利用虚假警报赶走同伴，从而独享意外发现的食物。

当人们随心所欲地说谎，彼此不再有信任时，语言也不可能发展起来，谁会去相信虚假的言辞呢？语言能够诞生并得以应用绝对不是因为群体中某个人的基因发生突变，它得有一个前提和基础——信任。因此，语言的诞生就要突破一个难关——克服动物利己的本性而学会利他。

只有具备利他的品德，人们才能相互信任。如果完全都是利己行为的话，那么人类只会彼此怀疑和伤害。聪明的学者，例如特库木塞·菲奇就推测，利他和信任最早应该出现在母子关系中。因为，母亲的天性就是对孩子好，孩子对母亲也有与生俱来的信任。

那么，其他动物的母子关系也很密切，为什么没进化出语言呢？聪明的学者，例如丁·福尔克又进一步解释，这就是人类语言诞生的微妙之处。最早原始人妈妈要放下孩子，到远处去寻找食物或进行其他劳作。这个时候，她就需要向自己的孩子解释，自己不是要抛弃他们，只是暂时要出去工作而已。这种相对复杂的解释无法依靠简单的肢体动作进行沟通，在这种情况下，原始人妈妈被迫发出一些更复杂的音——这就成了语言的起源。

好吧，我们今天把自己最早学会的语言称为母语，也许跟这个多少有些关联吧。

全世界各种语言共通的一个词就是——妈妈和爸爸。

这只是关于语言起源的诸多解释，不，是诸多猜想之一，这些虽然未必是真相，但它们能揭示语言根底里的内涵——信任，有了信任，人类才能彼此联结起来，实现更复杂的协作。

看似平常的语言，其实蕴藏了很多人类的秘密。

难怪《圣经·创世记》的开篇就是，神说："要有光。"就有了光。

注意，是神"说"创造了创世的奇迹。

激情面向"不在场"

1940 年 6 月 18 日，时任英国首相丘吉尔在下议院发表了著名的《荣光时刻》的演讲。

当时在德军的淫威下，法国沦陷，英国不得不动员包括渔船、游轮、救生艇在内的各种能漂洋过海的船只，将包括英军、法军、比利时军队在内的33万军人从敦刻尔克狼狈地撤回到英国本土。战争的阴影笼罩着英国，失败的情绪弥漫在英国上空。在法国沦陷之后，英国又能坚持多久？很多人不免对此感到怀疑和忧虑。

丘吉尔的这篇演讲正是为了消除这种萎靡情绪。要知道，丘吉尔不仅是当时的英国首相，而且是一位善于运用语言艺术的大师，他在战后因杰出的文学成就摘取了诺贝尔文学奖的桂冠。演说中，丘吉尔满怀激情地表示，英国不会忘记同法国的兄弟情谊，并将与他们共享最终胜利的果实，英国人不仅与法国人，而且已经与捷克人、波兰人、挪威人、丹麦人、比利时人携手共进退。丘吉尔告诫民众，这场战争中英国负载着非凡的使命，即使是希特勒这个恶魔也深知，要么拿下英国，要么输掉这场战争。所以如果击退希特勒，不但英国，整个欧洲都可以重获自由。但如果英国在这场战争中失利，那么输掉的不仅是英国，包括美国在内的更多热土将坠入黑暗时代的深渊。在演说的最后，丘吉尔这样展望：这就是我们的使命，让我们铭刻于心，在千年之后，大英联邦还屹立于世时，我们的子孙会说——此刻，就是他们最荣光之时！

借着这个演讲，我们剖析下语言的奇妙之处。

显然，英国民众是在家、办公室、咖啡馆、火车站等地倾听丘吉尔激动人心的演讲。对大多数英国本土的民众来说，法国并不在他们的视线范围内，希特勒也不是“现实在场”的，至于千年之后的场景，就更距离眼前的现实十万八千里了。

尽管丘吉尔用语言意指的大多数对象，对听众来说都没有

“现实在场”，但这丝毫没有削弱语言对人们产生的影响，“千年之后”，初听起来极其遥远，和当下毫无关联，但当丘吉尔用这样遥远的憧憬来做结尾时，人们却热血沸腾，激情澎湃。

许多动物都会热血沸腾，但它们常常只是本能地对“现实在场”的对象热血沸腾，恰如一群饥饿的猴子发现眼前的食物。倘若这些食物不在猴群的视线范围，也不曾被它们嗅到或通过其他感官觉察到，猴群就不会为这种“不在场”的对象而“激情澎湃”，更不用说这些憧憬中的食物还要在千年之后出现。

这就是语言的魔力，它能意指“不在场”的对象。人类固然会像猴子一样对“现实在场”的对象热血沸腾，比如饥饿时我们看到眼前的美食也会像同样场景里的猴子一样情绪激动。同时，我们更能通过语言意指“不在场”的对象，即便这个对象有千年万年之遥，看似和我们毫无关联，我们也能在语言的推波助澜下燃起激情，乃至为此欢呼泪下。

人能够真正超越动物的激情，奥妙之处就在于此：即便对象“不在场”，也能让人热血沸腾。在电影《至暗时刻》中，当丘吉尔发表完激动人心的演讲时，他的政敌喃喃低语：丘吉尔用语言的魔力调动起了英国民众战斗的激情！

确实，这就是语言非凡的魔力。语言最终推动人类拓展了自己意义世界的疆域。语言出现的时刻才是人类进化中满含激情的荣光时刻。

走出非洲

我们现代人的共同祖先智人大约20万年前开始在东非演化。在诸多古人种中，智人只是姗姗来迟的后来者，在他之前有能人、格鲁吉亚人、匠人、直立人、先驱人、海德堡人、尼安德特人等，论资排辈智人只能算是个稚嫩的“小鲜肉”。

不过就像现代肥皂剧的狗血剧情一样——智人成功地逆袭了，他最终战胜了其他古人种，成为现代人的共同祖先。这一切始于大约10万年前智人走出非洲的尝试。

可别用现代的眼光把这一尝试当作浪漫的旅行。智人没有越野车，也没有现成的路线图为他们指明走出非洲的捷径，他们当然不可能拿着一张地图比画着说：“哦，看，非洲之外是草肥水美的天堂，伙计们，让我们绕到欧亚大陆去。”走出非洲绝对不是什么轻松浪漫的旅程，横亘千里的撒哈拉沙漠和西奈沙漠就是这段探索中非常现实的障碍。跨越这两大沙漠对装备精良的现代人来说尚且是个不小的挑战，对几万年前势单力薄的智人来说更是困难重重。

学者们绞尽脑汁，为智人如何逾越这巨大的障碍找了很多合理的解释。阿克塞尔·蒂姆曼认为正是在10万年前，气候大概每2万年就会发生变化，其间大沙漠有一部分变成了绿洲，智人抓准了环境变化的有利时机离开了非洲。

确实，激情的特征之一正是善于抓住变化中稍纵即逝的时机。和古猿直立行走的原因一样，智人走出非洲同样是受环境所迫。虽然我们之前把古猿直立行走描绘成激情万丈的励志故事，但不可否认这里面还是有些物竞天择的自然因素，或者说，这是一次被动的选择。智人走出非洲就不同了，这是一次非常积极主动的自我选择行动，从顺应可能性到创造可能性，随后智人的足迹踏遍全球，大约在5万年前，智人成了这个世界新的主人。

这句话听着很豪气，背后其实隐藏着极其惨烈的故事，其他古人种不可能无缘无故地消失。一旦智人这个“小弟弟”来到这些“老大哥”的地盘，接待他们的显然不会是热情好客的当地人和丰美的食物，而一定是冷冰冰的大棍和无情的拳头。

胜败乃兵家常事，但让我们惊叹的不是智人具体打赢了哪一仗，而是他们的胜利不只限于一个地方、一段时期。事实是，其他古人种消灭殆尽，智人最终成为世界的主人。如此辉煌的战绩，在任何有史可查的记载中我们都找不到可以媲美的案例。所以智人的胜出肯定不是偶然因素促成，背后一定潜藏着必然的因素。

尤瓦尔·赫拉利在《人类简史》中对此有陈述。他认为智人懂语言、好八卦，听起来这有些轻蔑，但也正因为如此，在其他古人种显得很“现实”，只相信摆在眼前的食物时，智人已经能够对一些在言语中“虚构”出来的事物达成共识，他们因此开始协作，构建了组织。

单打独斗，智人根本不是尼安德特人的对手，但当智人组织起来共同上阵时，战斗力就大不相同了。想象一下：你在前面吸引这个大家伙的注意，伙伴从后脑勺给他一记重击，然后一群兄弟赶快上去把他绑起来……从此再没有哪个身强力壮的尼安德特人能打得过一群相互协作的智人。

这也告诉我们，摆在眼前的食物虽然也不错、身边的美色也显得更现实，随之带来的生理激情体验更是立竿见影，但源于对虚拟事物信仰的激情可以超越个体，贯穿组织，迸发更可观的力量。

自此，人类掀开了更富激情的文明新篇章！

智人与盈余

智人进化出了聪明的大脑，才有了激情这回事儿。

人体的其他器官大多在解决生存限制的问题：四肢让我们行动自如，使用工具，寻找食物，躲避危害，四肢如果罢工，行动就会极度不便，在原始社会，行动不便等同于慢性死亡；肠胃负责消化食物，它们要罢工的话，用不了几天我们就会饿死；肺主导呼吸，它要罢工的话，过不了几分钟我们就会憋死。

这些器官与人类的生存息息相关，相比之下，大脑就显得有些“懒惰”。如果我们“投资”肠胃，例如吃一个苹果，那么你立刻可以尝到甜甜的滋味，产生愉悦感，而且马上能获得热量，浑身有劲儿。“投资”的效果立竿见影。这样见效快的投资谁不喜欢呢？相比之下，大脑简直就像个饱食终日、吸食他人血汗的“地主”。从重量上看，它只占人体重量的2%左右，却贪得无厌地占有心脏输出血量的15%，人体全身耗氧量的20%和葡萄糖利用的25%。

当然，大脑地位优越，因为它是人体“最聪明”的器官，大脑会思考，又情感丰富，智人正是因为有了非凡的大脑才和其他生物真正区别开，这不可否认。但大脑发挥这些作用需要漫长的“供养”过程，先不说作为群体，人类耗费了多少万年才进化出现代人聪明的大脑来，仅从个体而言，一个人从在母体里发育开始，到他的大脑成熟到足够独立生活，也得一二十年的光景。在这一过程中，我们得先小心翼翼地伺候着大脑，唯恐它的成长有什么闪失。

无论从哪个角度来看，作为种群的进化也好，作为个体的发育也罢，培育大脑都是个投资回报周期长的买卖。要把大脑这个“地主”供养好，自然离不开盈余。试想，如果没有食物、时间、精力等长期盈余，智人天天面对的都是短缺，而不得不把有限的资源投入维系生存的其他器官，很难想象能够有大脑这样饱食终日的“地主”进化出来。

在进化的过程中，人类的很多发现都推动了盈余的产生。例如使用工具，这大大提升了打猎和采摘的效率，仅仅弓箭的应用一项就使杀伤范围一下扩大了好几个数量级，猎取的食物种类更为丰富。使用火也是进化过程中一个强劲的推动力。使用火之前，人类生吃肉，消化生肉的过程漫长，如果肚子一天都在消化食物的话，大脑必然缺少充足的血液供应，例如我们每天午饭后那种恹恹欲睡、提不起精神的感觉。使用火以后，熟食的消化时间大大缩短，这就避免了大脑长时间处于供血不足的状态，而且消化熟食的过程让营养的吸收更加充分，这就进一步保证了大脑更为充足的营养供给。

人类的进步其实最终体现在盈余的增加，首先是食物和营养的盈余，更深层次的是时间和精力的盈余，进入文明社会后是金钱和更多资源的盈余。这些盈余对大脑来说都是好消息，它们不仅促进大脑充分发育，而且让大脑有更多时间去超越眼前的苟且，奔向高远的激情。

如果我们长时间处在各种限制中，那么不管是食物营养的限制还是今天文明社会中时间和金钱的限制，都会消磨我们的激情。

有盈余不能保证一定有激情，但没有盈余，激情最终一定会消磨殆尽！

2 500 年前始：悲剧，艺术的局限

肉身之美

“众神之王”宙斯风流成性，虽然早已经娶赫拉为妻，但他仍然忍不住四处拈花惹草，处处留情。宙斯被腓尼基王国的公主欧罗巴的美貌深深吸引，他下决心要把这个美丽的女子据为己有。

虽然贵为诸神之首，宙斯想偷情也不是没有顾忌的，他担心事情暴露赫拉会跟他翻脸，所以宙斯不想把这件事情闹得沸沸扬扬，于是他决定用点儿计谋来得到心上人。

看到欧罗巴在草地上愉快地摘花采草，宙斯计上心来，他变作一头公牛，混在牛群里，瞅准时机接近欧罗巴。当然，宙斯变的牛自然气度不凡，很快就赢得了欧罗巴的关注和青睐。这位美丽的少女不禁把手里的花束送到它嘴边，然后温柔地抚摸它，这让宙斯大为受用，他继续施展魅力，最终引诱欧罗巴骑到自己的背上。

欧罗巴一坐稳，宙斯化身的公牛就放开四蹄，飞身驮着女孩奔向了远方的海岸，直到这个女孩不知身处何方，才把她放到地上。欧罗巴惊慌失措，她不知道自己究竟到了哪里，也不知道如何回到家乡。这时公牛不见了，宙斯化身为一个天神般的美男子，要欧罗巴嫁给他。可怜的欧罗巴还有什么选择呢？最终只好屈从于宙斯，后来她还给宙斯生了三个儿子。

这个故事来自古希腊神话传说，它只是宙斯诸多风流韵事中的一桩。既然高贵的天神都对男欢女爱这么富有激情，为了得到心爱的人不择手段，那么凡人就更不会节制自己对美色的热爱和追求了。

富有讽刺意味的是，尽管鄙弃肉身的柏拉图主义诞生在古希腊，但事实正是古希腊人发现了肉身的美好，他们发自内心地热爱健康青春的肉身，无论男女。现在你就可以打开图片搜索引擎，搜索一下类似"古希腊艺术""古希腊雕塑"这样的关键词，大量以肉身为题材的作品就会扑面而来。

这些作品无一不是体型匀称，比例得当，男性肌肉发达，女性凹凸有致、曲线动人，洋溢着青春的气息。这种风气深深影响了西方后来的艺术格调，当鄙弃肉身的柏拉图和他那位大腹便便的老师苏格拉底，出现在艺术作品中时也是拥有健美身材的帅男子形象。18世纪法国著名画家雅克·达维特创作的《苏格拉底之死》中，年过古稀的苏格拉底虽然面容苍老，但半裸露出的健美身材恐怕今天很多年轻人都会嫉妒。即便根据史实记载，苏格拉底的身材其实更接近我们今天所调侃的中年油腻男。

这种对身体的爱甚至发展到匪夷所思的极致。同样是在古希腊神话传说里，雕塑家皮格马利翁雕刻出一尊女神像。这躯体太过完美，连雕塑家本人都不禁赞叹，最后他竟然不可救药地爱上了自己的这件雕刻作品——即便它只有躯体的轮廓而没有灵魂的温度。

皮格马利翁无法自拔地亲吻雕像，搂抱它、爱抚它，近乎疯狂地进入了痴迷的状态。他的激情打动了爱神维纳斯，雕像最终获得了生命，从此和皮格马利翁相拥相爱。

激情最初也是最核心的是性，而性的激情首先就来自肉身。古希腊人大胆地承认并不遗余力地表现这种激情，他们不仅在艺术中真实地展现青春健硕的肉身，而且不懈地追求理想的肉身状态。这种理想的肉身克服了人体现实中的种种不足，在艺术表现中臻于完美，即比例得当、凹凸有致，一颦一笑都能透出灵魂的温暖和热情，让观者不禁动容，真实感受到生命力的流淌。

古希腊艺术强调美感，美感超越了单纯生理欲望得到满足而产生的快感，并构成了激情核心的内涵，其深远的影响持续到今天，从而造就了历史上一批又一批喜欢折腾而与众不同的神人。

对这个重要的话题，我们稍微展开聊一聊，首先回到现实世界。

日常生活经验告诉我们，我们身边身材火辣的人并不少，但身材好还能同时让我们感叹这真是个罕见的有趣灵魂，从而激起我们内心狂躁热情的人其实并不多，事实上我们也不会苦苦等待这样的人出现才会有生理欲望。

换句话说，生理欲望得到满足而产生的快感其实要比产生美感的门槛低很多，这也注定人人都可以体验激情，但其内涵大不相同，所以能够超越生理欲望、喜欢折腾而与众不同的人从古至今都只有一小撮。

人类最早采用的折中手段是：激情的巅峰体验如果在现实世界中太难以获得的话，就从艺术中寻求，因为艺术可以塑造现实里没有的可能性，就如雕塑可以塑造出现实里没有的女神一样。但艺术存在局限——它所带来的体验是短暂易逝的，即使到了今天，电视连续剧作为一种结合科技的创新带给了我们相对漫长的体验，遗憾的是，再长的连续剧时长总归有限。

到文艺复兴之后我们会看到，最终人类的进击会超越艺术，科技和商业结合，变成塑造这个世界的“皮格马利翁之手”，从此未来不是过去的简单重复，而呈现多样的可能性，现实世界本身越来越具有艺术的精神，激情的巅峰体验就在生活本身，而不只局限于艺术。这是后话了，先回到古希腊来。

让我们翻开《荷马史诗》之《伊利亚特》的第三章，这里有一个桥段：

> 特洛伊的长老们正坐在斯卡亚门旁，他们都曾经是沙场上彪悍的勇士，如今太老了，拿不动刀剑，不过仍然思路清晰，且非常健谈。
>
> 这时《伊利亚特》的女主角、引发特洛伊战争的“红颜祸水”海伦正沿着城墙走来。
>
> 长老们一见海伦，不禁惊叹，相互低语嘟哝：“怪不得啊！特洛伊人和阿加亚人长年大战，打得你死我活，就是为了这神仙一般的绝世美人！”

是的，你没有看错，持续十年之久，牺牲掉无数勇士性命的特洛伊战争，起因就是一个美丽的女人——海伦。特洛伊王子帕里斯把她从斯巴达拐走，此举一下点燃了希腊人的怒火，随后就爆发了一场规模宏大、旷日持久的大战。

史实是否如此不好肯定，但至少《荷马史诗》是这么描述的，这就是一场为争夺美而爆发的战争。要命的是《荷马史诗》没有因这么夸张的描写而显得失实逊色，相反成为后世追捧的经典。看来为了美而冲昏头脑的性情中人从古至今都不缺少。

根据《荷马史诗》的描述，特洛伊战争还有更原初的原因，并且还是和美有关。传说纷争女神扔下一颗金苹果，上面写着“献给美人中的美人”，当时就有三位女神炸开了锅：宙斯的老婆，也就是天后赫拉，爱神阿芙洛狄忒和智慧女神雅典娜，她们都认为自己是“美人中的美人”，理当获得金苹果。

因为相持不下，所以她们请美男子帕里斯，也就是海伦后来的丈夫做裁判。三位女神积极“贿赂”帕里斯，赫拉和雅典娜许给帕里斯江山社稷和功名利禄。显然爱神更懂得男人的心，阿芙洛狄忒许给帕里斯人世间最美的女人（也就是海伦），然后帕里斯毫不犹豫地把金苹果判给了爱神阿芙洛狄忒。

所以，在古希腊人眼里，“美”的意义远超江山社稷和功名利禄，之后为了争夺美爆发的战争持续了十年之久，并动员了诸多的勇士，这在古希腊人和后世性情中人看来都是顺理成章的。

于是，从古希腊开始，激情就和美纠缠在一起，虽然那时的美还和俊男靓女或者争风吃醋纠缠在一起！

肉身时代

英国哲学家怀特海说过：欧洲由来已久的哲学传统不过是对柏拉图的注脚。这句话清晰地表明了柏拉图对欧洲哲学史，乃至对数千年西方思想史的深刻影响。所以，柏拉图对于肉身的轻视自然而然地就被继承下来。

在柏拉图看来，灵魂和肉身是截然不同的。灵魂寄托在肉身里，但柏拉图并没有因此感谢肉身，相反，他认为恰恰是肉身妨碍了灵魂对“理念”的真正认知。毫不客气地说，在柏拉图眼里，肉身简直就是万恶之源。

下文中，我们会了解到，这种思想的源头之一正在于数学这门学科对西方思维方式的至深影响。

所谓肉身，一定是存在于具体时空有血有肉有各种物理指标的。每个人的肉身各不相同，因此表现也会大异其趣。有的人身材健美，就会显得富有活力。有的人头脑发达，就会显得聪明伶俐。但如果肉身受损，比如健美的身躯遭遇意外而致残，或者头脑被某种疾病侵害发生器质性病变，那人的活力、聪明将受到影响。也就是说，一个人的种种表现，即聪明、美貌、活力、敏捷……都脱离不开存在于具体时空里的肉身。

“数”和肉身正相反，它不存在于具体的时空之中。例如数字“1”，我们可以用一根小棒表现“1”，或是用粉笔画出“1”，再或可以在电脑屏幕上打出“1”。但这都只是表示“1”的符号而已，并不是“1”本身。

“1”本身不存在于具体的时空里。套用那句流行诗句：你关心还是不关心“1”，“1”就在那里。

有意思的是，虽然数字不存在于具体的物理时空中，人们对它的认知却出奇一致。例如 1+1= 2，无关认知者年龄、性别、宗教信仰、文化、教育背景等方面的差异，他们的认知都是一致的。当然，也无关肉身的差别，无论高矮、胖瘦，无论健康与疾病，你对 1+1=2 的认知都和其他人一致。

就是这种“超越凡尘”的一致性，让柏拉图和受他影响 2 000 余年之久的西方思想界深深地迷恋。

相反，许多存在于具体时空的物理事实，人们对之的认知未必严格一致。蜜糖在不同的人尝来甜度各不相同，在病人的嘴里它有可能是苦的。再如红橙黄绿青蓝紫，不同肉身存在视觉差异，对色彩的辨识就各不相同，色盲者就无法辨认出这么多颜色，有些人眼里只有黑白灰三色。

因为肉身是有差异的，世界上没有两个完全一样的肉身，自然，肉身就对一些认知造成了差异化的影响。

所以，不要惊讶于柏拉图对肉身的轻视，到了笛卡儿，这种轻视被推到了极致，笛卡儿索性就不客气地把肉身排斥在了科学认知之外。

科学当然要求认知的一致，怎么可以因人而异呢？肉身简直就是混乱、差异、贪欲和堕落的罪恶之源。

幸运的是，艺术对肉身始终有深深的眷恋。即便在思想禁锢的中世纪，教会强烈反对这种眷恋，但还是有人力主肉身的重要性。包括在表现上帝的问题上，教会里也有人主张，只有把上帝通过肉身表现出来，才能让没有受过多少教育的老百姓感知上帝的存在而更顺从地膜拜上帝。不需要高深的教育，人类对肉身天生就有最自然、最亲切的理解！

文艺复兴运动拉开了近代文明的序幕，这场运动其实不是简单地复兴古希腊罗马的文化。但最容易让人们关注和热议的，正是在这场运动中诸多艺术作品又如古希腊罗马时代的作品那样大胆地表现肉身，展现青春躯体的美好。所以，人们认为，古希腊罗马文化“重生”了，而把这场运动以“文艺复兴”命名。

进入 20 世纪，诸多学科（例如心理学）开始为肉身正名，哲学也终于坐不住了。

轰轰烈烈的现象学运动揭示了一个关键的问题：所有事物都只能存在于具体的背景之中，脱离具体背景的抽象之物只能在语言中呈现。例如，我们在语言里使用“红色”这个词，看起来天经地义、无可厚非，简直连我们自己都会相信，世界上真的“独立”存在“红色”这种事物。可是放眼世界，哪里有“独立”存在的“红色”呢？现实的物理世界存在的一定是红色的苹果、红色的纸、红色的车、红色的太阳……未曾有过脱离具体事物独立存在的红色。进一步推论，“红色”不能独立存在，难道“红色的苹果”就是独立存在的吗？当然不是，红色的苹果一定是放在盘子里，或者还挂在枝头，或者在水果摊上，从来没有一个脱离具体背景存在的红色苹果。以此类推，任何事物都不可以脱离具体背景而存在。

理解这一点，我们就可以明白：认知难道就可以脱离肉身独立存在吗？这种观点显然是有缺陷的。事实上，肉身深深地影响了人类的很多认知行为。例如，我们常用“向前看”“看得远一点”激励别人，用“头儿”称呼领导，用“左膀右臂”称呼得力的助手……其实，这些都是源自身体的隐喻。

我们这个时代号称数字时代，这似乎是对毕达哥拉斯和柏拉图的一种回应。我们这个时代更是肉身的时代。留意一下，你会发现越来越多的人对自己肉身的重视：老年人关注养生保健，中年人和青年人积极地健身塑形，即便是孩子也懂得扮酷、扮靓、扮萌……

我们不想粉饰脱离肉身的激情，人的激情虽然源于肉身，但是一定超越肉身。

苏格拉底的最后一天

爱琴海是个富有诗意的名字，让人不禁联想到浪漫的爱情和悠扬的琴声，暖红的阳光轻抚海面，滚涌的波浪奏出醉人的曲调。这种气质属于古希腊，至少属于古雅典。

雅典，正位于巴尔干半岛的南端，融入爱琴海的边上。公元前800年左右，雅典就作为古希腊一个重要的城邦逐渐兴起。上天似乎特别爱怜这颗爱琴海的明珠，让许多天才诞生或者云集于此。从公元前6世纪起，梭伦、克里斯提尼等执政者相继对雅典进行了系统的改革，这些改革让雅典更富包容性，成为各种激情萌芽和燃烧兴旺的沃土，在鼎盛时期，古希腊有近1/3的人口居住在雅典。

雅典卫城的至高之处修建起了巴特农神庙，这里是雅典的精神中心，供奉着雅典娜女神，即智慧与战争女神。

在人类社会，女性不仅担负繁衍下一代的重任，而且在孩子的成长教育中扮演极其重要的角色。将女性与智慧紧密联系在一起，而不是视女性为传宗接代的工具，这不仅体现了当时古雅典人对女性相对而言的尊重，也体现了古雅典人对智慧的尊重。正是有这样的社会精神，才为之后的苏格拉底、柏拉图、亚里士多德等名扬千古大师的出现提供了沃土。

雅典娜还是战争之神。雅典所处的海域紧锁欧亚非三大洲的咽喉，这样的地理位置让雅典常常陷入战争的厄运，有时是与希腊其他城邦（比如斯巴达）开战，有时则要对付远方袭来的劲敌，巴特农神庙就是为纪念击退波斯入侵而修建的。

在苏格拉底的后半生，爆发了席卷古希腊各城邦的伯罗奔尼撒战争，这场断断续续了近 30 年的战争最终以雅典的投降而结束，雅典因此受到沉重的打击，也被卷入动荡的阵痛中。公元前 399 年，伯罗奔尼撒战争已经结束约 5 年，雅典看起来恢复了表面的平静，但战争后遗症带来的深层次阵痛还没有完全消退。

富有讽刺意味的是，正是这座推崇智慧的荣誉之城，亲手把神谕认为最智慧的苏格拉底送上了法庭，并以投票的方式来决定是否处死他。

回顾既往，苏格拉底曾经为雅典城邦挺身而战，在战场上表现英勇。当然，让苏格拉底名垂青史的是他对真理的执着，以及因此体现的智慧，甚至神谕都说苏格拉底是世界上最聪明的人。

对此苏格拉底没有沾沾自喜，相反诚惶诚恐，他并不认为自己比别人聪明。但苏格拉底敬畏神，他觉得神谕这么说一定有道理，在四处探寻并和各色人物交流后，苏格拉底终于明白了神谕的含义：神之所以说他最聪明，只是因为他知道自己的无知，而其他人虽然无知却不这么审视自己。

不是每个人都会欣赏这种谦虚，特立独行总要付出代价。苏格拉底的言行让他树敌不少，苏格拉底式的反讽让很多人难堪，太多人不会像苏格拉底那样把自认为无知看作美德。探寻真理，真的需要激情和勇气！

终于，被苏格拉底惹怒的人越来越多，喜剧作家阿里斯托芬就曾在他的作品《云》里讽刺苏格拉底，把他描绘为危害城邦事务和民众生活的毒药。文艺作品渲染的情绪极具传染性，就如今天很多八卦一样，很多人深受影响，对内容交头接耳，添油加醋，却压根儿懒得探求真相，从此不少人只听一面之词就相信苏格拉底是游手好闲之徒，不敬畏神灵而只会毒害年轻人（关于这个问题请看拙著《秒懂力》）。

这种情绪最终演化到了一个高潮，苏格拉底被推上审判台，雅典法庭很正经地控诉他不敬神、腐蚀青年人的心灵。

苏格拉底在法庭申辩道：为什么会有一堆年轻人愿意追随我，四处与人辩论呢？

因为按照神谕——苏格拉底是最聪明的人。

但在苏格拉底自己看来，真正有智慧的只有神，人是何其渺小，哪里能谈得上有智慧？神之所以称苏格拉底是最有智慧的人，并不是因为苏格拉底真的聪明过人，而只是因为这么一个简单的事实：唯有苏格拉底自己知道自己的智慧实在算不得什么，其他人却不会这样审视自己，他们都认为自己很聪明。

苏格拉底坦承，恰恰由于自己最遵循神的旨意，所以才四处察访，遍寻有智慧的人，这种对神的虔诚，让一群年轻人自愿追随他，学会以他的方式拷问别人。最后的结果就是所有矛头都对准了苏格拉底本人，让他树敌不少，一贫如洗，还因此被推到了雅典法庭上。

苏格拉底坚持认为，举凡使命所在，不管是自己的选择，还是来自领导的委派，都要坚守自己的职责，宁死不移。

之前雅典派来的官员指挥苏格拉底冲锋陷阵时，苏格拉底都不曾皱过眉头，那么神委派苏格拉底去考察自己、考察他人、考察各方的智慧，他更会坚定地执行，如果他对此不闻不问，擅离职守，那才是最大的荒谬。

所以，苏格拉底义正词严地说，他对神的敬畏肯定要超过众多雅典人，倘若雅典法庭开出条件，要自己服从他们的意愿而不是服从神谕，以此作为释放的条件，那他本人是绝对不会答应的。

“生命不息，爱智不止。”苏格拉底以无畏的态度、平实的语句表述了自己对追求真理、不屈服于现实淫威的激情。

谈到要进行申辩的理由，苏格拉底还陈述，申辩并非为一己之私，事实上他是为雅典考虑。倘若雅典法庭处死了自己，那真是辜负了神赐予的礼物。苏格拉底用了一个绝妙的比喻：雅典就像一匹马，苏格拉底本人就像是一只马虻，不停地刺激雅典这匹大马，免得它日趋懒惰，最终变得昏昏沉沉，难逃厄运。倘若一巴掌打死这只马虻，那简直就是雅典的一大损失。

显然雅典法庭没有听懂这个比喻的深意，也没有感受到苏格拉底的真诚。

说到激动之处，苏格拉底难以抑制自己的情感，他说人非草木，孰能无情。他自己也是血肉之躯，也有儿女情长。如今膝下已经有三个儿子，其中一个快要长大成人，另两个尚年幼，这些都是他的牵挂。即便如此，苏格拉底坚称自己不会拖儿带女到法庭，打出情感牌，好让法庭投票时偏向他这一边。

不，苏格拉底是不会这样做的，他认为自己的生与死是一回事，雅典的荣誉又是一回事，他不想在法庭上演情感闹剧，以至将来外邦人会因此对雅典指指点点，这有损雅典的威望。所以，苏格拉底只是希望法庭能在最有利于双方的情况下主持公正的投票。最终，雅典法庭以281票对220票判处苏格拉底死刑。

苏格拉底对投票的结果感到惊讶，但他毅然表示，当初在危险之中，自己就不曾慑于淫威而卑躬屈膝，现在也不会后悔最初的作为和申辩的内容。

苏格拉底认为，人死之后，可能的境遇不过就是两种：要么就是完全虚无，毫无知觉；要么就是灵魂仍在，只是从这个世界进入另一个世界。

如果死后完全虚无，没有什么知觉，就像人睡着了但没有做梦一般，那么算一算人的一生中，入睡之后，做梦的日子其实不比无梦的日子好多少，那死也就不见得不是件妙事。

如果死后灵魂仍在，只是从这个世界进入另一个世界，脱离这个虚伪的世界，也许在那里还能遇到比自己死于更加不公平对待的人，这样看来也不至于无聊。况且在那个全新的世界里，苏格拉底认为自己还能继续未竟的事业，继续和他人讨论，寻找真正有智慧的人，这样也不亦乐乎。

苏格拉底最后表示，他并不怨恨那些告发他和判他死刑的人，他只是要托付给他们一件事情。苏格拉底希望有朝一日自己的孩子长大成人时，这些还在世的人能按照苏格拉底曾经对待他们的方式去对待自己的孩子，让他们不要眷恋财富胜过美德、装腔作势自认为富有智慧。

如果苏格拉底的孩子将来出现这样的苗头，就要及时提醒他们，让他们不要去关注本不应当关注的事物，不要在本来一无是处的时候还自以为是。

倘若雅典人真能做到这一点，苏格拉底认为，自己和三个儿子就算是得到了公平的对待。

“现在，我要走向死亡，你们继续快活于人世，不过孰好孰坏，只有天知道！”苏格拉底在法庭上最后说道。

曾经就有一个在雅典人看来无比顽劣的人说过：“你们认为我毫无羞耻之心，但每当我和苏格拉底在一起的时候，我就从心底里感到羞愧。苏格拉底只要一开口，我的泪水就禁不住要流下来。”

遗憾的是，雅典法庭却没有这样的觉悟。

当然，雅典法庭倒未必一定要置苏格拉底于死地。苏格拉底还有种种方法避免死刑，例如缴纳罚金或者跑到国外安享晚年。但苏格拉底坦然接受死刑的到来，是的，很坦然！

古往今来不怕死的人不在少数，不过恰如南怀瑾先生剖析：慷慨捐躯易，从容就义难。

街头的流氓打架，拿着砍刀冲上去，血气之勇一股脑涌上来，也就不怕死地去挨刀了。但你真要把他关起来，慢慢煎熬等着死刑的到来，大多数人就会患得患失，不能无畏地面对死亡。真正的勇士才会在死亡来临前思考死亡的意义。

这一天，每年例行开往得洛斯朝圣的船返回了雅典。

得洛斯朝圣的传统源于神话故事。传说中克里特岛上曾经住着一个牛头怪物，每年雅典要供奉七对童男童女给这个怪物享用。

英雄忒休斯混进了进贡的童男童女中，他决心杀死这个牛头怪。雅典人因此向太阳神阿波罗祈祷，如果忒休斯真能成功，那每年雅典人都会到阿波罗的出生地得洛斯朝圣。

忒休斯最终杀死了牛头怪，从此雅典就要每年例行到得洛斯朝圣，朝圣期间，雅典城内要保持圣洁，包括不能杀死囚犯。苏格拉底虽然早早就被雅典法庭判处死刑，按理当时就应该执行。不过那两天刚好雅典人启程去得洛斯朝圣，所以苏格拉底被投进监狱迟迟没被处决。现在既然朝圣的船只回到了雅典，也就意味着年近古稀的苏格拉底要走到他生命的尽头。

一大早，苏格拉底的朋友们就聚到了监狱里，要陪他走过生命最后的一天。

苏格拉底的老婆正抱着他的小儿子在苏格拉底身边，一见朋友们涌进来就痛哭流涕："苏格拉底，这可是你最后一回和朋友们交谈了。"

这是大多数生离死别常见的场景，也往往会把现场的氛围立刻拖入一种哀伤和悲痛又无可自拔的沉重情绪之中。但苏格拉底马上制止了这种情绪的滋生和蔓延，他请到场的朋友安排佣人把自己的老婆和孩子送回家。刚刚卸下镣铐的苏格拉底从床上坐起来，蜷着腿，突然开始感叹"愉快总是莫名其妙地和痛苦相伴相随"，现在卸下镣铐，腿上的痛苦就消失了，紧随而来的就是愉快。

这是个意味深长的开场，苏格拉底在此要把"愉快"亮出来，而不是让痛苦、哀叹、惋惜、抱怨不公等诸多消极情绪成为自己生命最后几个小时的基调。

显然，苏格拉底的朋友们都愤愤不平，他们认为雅典法庭判处苏格拉底死刑是没道理的。

在得洛斯朝圣期间，关押在监狱等待刑期的漫长日子里，苏格拉底表现得极其坦然。他甚至按照神谕，在牢狱中作诗，改写《伊索寓言》，似乎不是在坐牢等死，而是在享受归隐田园的惬意生活。这种坦然一直持续到他生命的最后一天，很多朋友来送别时，苏格拉底不仅更加坦然，甚至表现得有些愉快。

用苏格拉底的朋友斐多的话来说，平常看到朋友要走向死亡，自己就免不了跟着悲伤，但那天看着苏格拉底并没有这种感觉。因为那一刻的苏格拉底仍旧气度非凡，毫不畏惧死亡，感觉他是坦坦荡荡、胸怀高尚地直面死亡，表现得很快乐，丝毫感受不到如其他丧事一样的悲痛和沉重！

在生命的最后几个小时里，苏格拉底没有忆苦思甜，也鲜少提及过往经历和日常琐事，而是一如既往地和前来送别的朋友们谈论哲学，阐述灵魂何以不朽。苏格拉底要朋友们相信，自己临死前表现得快乐和自如，绝不是为了避免让朋友们感到悲伤或者为了勉励他们更好地活下去，而是源自哲学家追寻真理的激情。

苏格拉底，当然也包括他的得意弟子柏拉图认为，理念世界才是真实的世界，与之相比，我们肉身栖居的现实世界显得愚昧虚妄。所以在苏格拉底看来，灵魂是那么纯洁，对追求“真”的哲学家来说，人们不应该痴迷吃喝玩乐，也不该贪恋儿女情长，而是要清醒地认识到，愚昧的肉身非但不是快乐的源泉，相反简直就是灵魂追求纯洁的障碍。

死亡本质是让灵魂和肉身分开，让灵魂从此自由洒脱地追求纯洁。所以真正的哲学家是不畏惧死亡的，事实上他们一直在练习拥抱死亡。现在，苏格拉底自己就要去面对死亡了。

最后的时刻终于到来，临近黄昏，苏格拉底洗了个澡，随后接过盛满毒药的杯子，仰着脖子大口大口喝下去，直到最后一口。

在场的人再也忍不住泪水，失声痛哭……

毒药还没有完全发作，苏格拉底训斥道："你们在做什么啊，我把女人都打发出去，就是不想看到她们很荒谬地哭哭啼啼。现在，要安静，安静地等待死亡的到来。"

行刑的人开始从苏格拉底的腿往心脏一路按捏上去，他的身体在渐渐僵冷，最后苏格拉底似乎已经无声无息地告别了人世。

正在这个时候，苏格拉底突然睁眼说了最后一句话，也可能是他生命最后一天里唯一一句家长里短的话："克里同，我向克莱皮乌斯借过一只公鸡，帮我还给他。"克里同应声答允，此后，就真的再也听不到苏格拉底的声息！

苏格拉底死的时候已经年近古稀，而当时他的得意门生柏拉图才刚近而立之年。柏拉图因为生病没有到场送苏格拉底最后一程，他最后不无惋惜地说："今生我遇到的最高贵、最智慧、最出色的灵魂离我们而去了。"

今天我们看到的苏格拉底的很多事迹多出于他的门徒（尤其柏拉图）的回忆。在《柏拉图全集》里，你其实已经很难区分其中蕴藏的智慧究竟哪些源自苏格拉底，哪些源自柏拉图。

确实，肉身上的区分有这么重要吗？追寻真理的灵魂不会因为肉身的逝去而消散。

杨绛重译《斐多》

历史翻过 2 000 多年，转眼到了 20 世纪 90 年代。

就在世人满怀热情地准备迎接千禧年到来时，年近 90 的杨绛接连经历了生命中难以承受之痛：1997 年，她和钱钟书的唯一爱女钱瑗患癌症去世；1998 年，相伴一生的爱侣钱钟书又与世长辞。

这样连串的打击足以让人窒息，为了从沉重的悲痛中走出来，杨绛决定要从钱钟书先生的藏书中找到一本可以慰藉自己的著作。她因此重读了很多中外圣贤的著作，最后在柏拉图对话录中发现了《斐多》，这篇记录苏格拉底最后一天对话的作品让她难以释手，反复读了很多遍。

于是，杨绛决定重译《斐多》，她参照诸多译本，一句一句对照，参照不同译本的译者都认同的译法，翻译出最符合中国读者阅读习惯的表达。

在译后记中，杨绛淡淡地写道：我正试图做一件力所不能及的事，投入全部心神而忘掉自己。

杨绛没有花费更多笔墨描述自己翻译《斐多》的感受，倒是德国汉学家莫芝宜佳为这个新译本作序时写道："在西方文化中，论影响的深远，几乎没有另一本著作能与《斐多》相比。因信念而选择死亡，历史上这是第一宗。"

我不敢肯定这是第一宗，也不认为激情从此就和肉身分家。但确实从此开始，激情更紧密地和超越肉身的灵魂贴在一起，为后面更多波澜壮阔的故事谱写了序章。

庄子的蝴蝶梦

有一天，庄子躺着睡大觉，做起了美梦。梦中，庄子梦到自己变成了一只蝴蝶，翩翩起舞，上天入云，好不自在。梦醒后，庄子突然有些惆怅：咦！究竟是我梦到了蝴蝶，还是蝴蝶梦到了我？

一个圣人怎么可以随便梦到蝴蝶呢？就算梦到了，又怎么可以堂而皇之地记载下来呢？在中国的传统文化里，蝴蝶非但代表浪漫，简直就是爱情的象征。家喻户晓的《梁山伯与祝英台》，为爱殉情的这对痴情男女最后不就化为一对翩翩起舞的蝴蝶吗？

正所谓“画舸春眠朝未足，梦为蝴蝶也寻花”。孔子、老子是做不来这样的梦的，只有庄子会做！在庄子那里，哪有这么多条条框框：我就要梦到蝴蝶，我就要把这个梦记下来，我喜欢，碍着谁了？

关键在于，为什么蝴蝶就一定是庄子梦到的蝴蝶，而庄子不能是蝴蝶梦到的庄子呢？

或者说，我们为什么要人为地给这个世界设立那么多边界，然后把我们对世界的认识乃至我们的行为放到这些本不应该有的边界里去呢？（意识到边界的存在很重要，后面我们会看到激情的要义就是挑战和冲垮本不应该有的边界，而激情折戟于一些虚妄的边界之处正是悲剧精神的起源。）

做梦的庄子就一定是实在的吗？蝴蝶就一定是梦境里的虚无？这个边界是谁划出来让我们固守的？

且慢，看到这里一定会有人不服气，大多数人不会认为自己给自己的思想或者行为设立了边界。人们会这么想：我的想象力是多么丰富啊！我的思想是多么自由啊！怎么会有乱七八糟所谓的边界呢？我也可以做和庄子一样的蝴蝶梦哦！

息怒，先来看看情绪是怎样设立思想和行为边界的。

成语“朝三暮四”出自《庄子》。这个成语故事说的是有个人养了群猴子，每天都喂猴子吃橡子，后来大概这个人突然手头拮据，拿不出那么多橡子来喂猴子，他只能跟猴子商量：“从现在开始，我早晨给你们吃三升橡子，晚上吃四升如何？”猴子听了都非常地生气。然后养猴人又说：“那么早上我给你们吃四升橡子，晚上三升好啦。”猴子听了非常高兴。

实际上，养猴人提出的两种方案给猴子吃的橡子总量是一样的，只是表述的顺序有所调整。猴子对前一种方案表示不满，而欣然接受后一种方案，这是因为猴子只会顺着自己的情绪做选择，没有注意到养猴人的表述其实只是调整了顺序，本质上并没有区别，尤其是表述背后的事实，也就是说猴子每天可以吃到的橡子总量，并没有任何变化。

情绪会设立边界，那么超越情绪就足够了吗？你也许会认为，如果受过很多教育，学过很多知识，就不至于轻易被情绪左右，这样的人思想和行为就不应该有那么多边界了吧?

庄子可不这么认为，在他的眼里，不少人正是因为脑袋里面塞进去的知识太多了，变成了条条框框，进一步束缚了人们本应自由无拘束的思想和行为。庄子甚至举出一个凸显商业智慧的例子来说明这个问题。

宋国有一族人，拥有一个防冻疮的秘方。他们世世代代做着漂洗棉絮的生意，但凭借这个秘方，冬天泡在水里，皮肤也不会皲裂。后来有个商人发现了这族人的秘密，就出高价买走了秘方，然后把它献给吴王，并鼓动吴王在冬天对越国发起水战。吴王依计而行。吴国的军队因为有这个秘方的保护，在水战中皮肤皲裂的非常少，战斗能力一下子大大胜过了越国，从而在战斗中大获全胜。吴王非常高兴，大大嘉奖了这个商人，给他封了官还赏赐了大片土地。

同样的秘方，宋人只能依靠它辛苦劳作，做漂洗棉絮的生意，这就是给自己的思想和行为设立了边界，把自己圈定在一个小范围里。

买秘方的商人依靠它飞黄腾达，正是因为其眼界更开阔、更富想象力，而没有像宋人一样设立边界把自己约束起来。

条条框框的知识也是有用的，就如宋人还是可以用这个秘方来维持生计。但我们需要开阔的眼界、丰富的想象力来跨越本不应该有的边界，进入更大的世界。

想象力就是为了跨越边界而存在的，凭借想象力我们可以捕捉到不同于现实的多样可能性。它是激情的内核要素，缺乏想象力的激情顶多属于亢奋。

庄子去见惠施，惠施种的葫芦长得很大，他非但不高兴还在为这些葫芦发愁。如果用这些葫芦来盛水，它们不够结实，多盛些水，葫芦皮就会破。如果把大葫芦破成两半，用来做瓢，那么又太浅，放不了多少东西。所以葫芦虽然很大，惠施却觉得这些葫芦大而无用，一心想把它们砸了。

庄子感叹道：你为什么不做些网，把这些葫芦网起来然后绑到腰上，这样就可以跳进江河里自由自在地游泳，不怕水淹了。

所以葫芦为什么一定只能用来盛水做瓢呢？有足够的想象力，看着没用的东西其实可以做很多事情，发挥更大的用处！

《庄子》全书就是用这样一个场面宏大、富有想象力的神话场景开篇的，通俗的意思是：

> “北边的大海有一条鱼，名字叫作鲲。鲲好大啊，有多大呢？竟然有几千里那么大。后来这条大鱼‘鲲’竟然变成了一只大鸟，叫作鹏。这大鹏的背呀，伸开来也有几千里那么长。大鹏鸟飞起来的时候，翅膀就像天边垂下来的云。等到海边起风的时候，大鹏鸟就会往南海飞，它乘着六月的大风飞起来，水面上激起的浪花有三千里这么高，大鹏拍拍翅膀，扶摇而上冲到了九万里的高空。”

看起来有些荒谬，不是吗？如果不是在想象里，而是在现实中，哪里会有这么大的鱼、这么大的鸟呢？而且这鱼还变成了鸟，听起来更荒诞吧？

其实，这个看似荒诞的描述后来真的被科学证实了。从进化论的观点看，陆地上的动物（当然包括鸟）都是从海洋动物进化而来的。大鱼当然有可能进化为大鸟，只是需要的时间长一些罢了。

庄子说的不要设立虚妄边界，要有视野和想象力去突破边界，倒在这里得到了最好的证实。

日常，我们感觉生活满是烦恼，缺乏激情且平庸枯燥，往往就是因为缺乏想象力而被各种虚妄边界困扰。

《庄子》里引用了孔子学生颜回的话："堕肢体，黜聪明，离形去知，同于大通，此谓坐忘。"其中的要义并不是阻止人们追求知识和智慧，回到愚钝的状态，这是后人常误解庄子的地方。庄子真正的要义是希望能超越有边界的知识、超越有预设的智慧，极富想象力地进入更本原的状态，洞察本质，不为虚妄边界所羁绊。

不为虚妄边界所羁绊，自然就能于天地间"逍遥游"。

《庄子》里描述列子驾风而行，15 天后才回来，逍遥自在。但庄子认为列子虽然不依赖脚上功夫，却总归还是要依赖风，如果能超脱有形的边界，顺应天地的规律，就可以达到"游玩"于无穷无尽、没有限制的境界。

这里我们要聊聊"游"和"玩"。先说"游"。

我们先得承认一个亘古不变的事实——人必须生活在具体的时空里。我们受时间的限制，时间是比较呆板的，我们不能随心所欲地回到过去，也不能随意选择进入未来，更不能改变时间流逝的速度。我们渴望永生，却始终不能享有无限的时间。人最渴望在时间上获得自由，但恰恰在这方面受到最大的约束。

但空间很不同，我们可以随心所欲地改变自己的空间位置，随着技术的进步，汽车、飞机、宇宙飞船相继出现，这种能力越来越强。在空间这个维度上，我们终于找到了一种自由感。

所谓“游”，与其说是四处游玩，不如说在骨子里对这种自由感的追寻。

再说“玩”,《庄子》里虽然没有强调这个概念，但“玩”渗透在庄子的精神中。

我们从小就喜欢玩，贪玩是孩子的天性，其实人类对玩的追求贯穿生命的始终，只是成年后，不得不承受来自周围环境的压力，玩的内涵发生了变化，玩的方式和幼年时有所不同。

为什么小孩子喜欢“玩”，而成年人经常会被告诫不要过于“贪玩”或者“玩世不恭”呢？这是因为“玩”的精神内涵就是让想象力肆意驰骋，不拘于各种边界。

“玩”之所以受小孩子喜爱而被成人世界警惕，正是因为在成年人的世界里更需要遵守规则，人们被种种人为的边界压抑住了本无边界的本心。

庄子和惠施在河边看鱼，庄子说：“这鱼儿游来游去，好快乐啊！”惠施反问：“你又不是鱼，怎么知道鱼儿很快乐呢？”庄子调皮地回答：“你又不是我，你怎么知道我就不懂鱼的快乐呢？”

这就是庄子的顽皮，在“游玩”之中，在想象力天马行空的驰骋之中，在超脱种种有形的和人为设定的边界中，追寻着自由的境界。

不要把这种精神狭隘限定在中国传统文人的游山玩水、把味田园之中，事实上这种精神对现代社会及未来都极其重要。

之后我们谈到“创新”时，谈到科学和艺术的融合时，大家就可以清楚地看到，正是因为有“玩”的态度，人们才会凭借想象力一次又一次超越自己，满怀激情地把许多看似不相干的事物大胆地连接起来，推动各种网络（人际网、交通网、贸易网、金融网、技术网……）不断迭代升级、不停进化，各种创新的新物种在这些网络中不断涌现出来。

如果历史只是昨天的重复，我们永远生活在眼前的现实，也就不会有历史和文明的发展，只有未来始终能呈现不同于昨天的多样可能性，人类世界才会加速呈现和创世混沌大不相同的面貌，一幅又一幅波澜壮阔的时代画卷不断富有激情地从此加速展开。

习惯与“沉沦”

在人类行为中隐藏着一些不易察觉的限制。隐蔽得如此巧妙，以至我们丝毫感觉不到这些限制，还满心欢喜地认为自己对自己的行为是处于绝对支配的自由状态。真相是，在每天的生活和工作中，我们的绝大多数行为是由习惯驱使的。例如，我们走路的方式早已沉淀为根深蒂固的习惯，不需要每次走路时都从头去想如何迈步。我们开车的技能也是一种习惯，甚至穿衣、洗脸、刷牙、刮胡子等行为都在由习惯驱使。

习惯表面看是个人的事情，但其实相当多习惯的养成是受到周围人潜移默化的影响。最典型的就是一个人的口味，我们爱吃什么似乎是自主性很强的选择。但当你试图融入其他家庭，你会蓦然发现自己的口味原来受到父母很大的影响；在其他区域生活，你又会发现自己的口味原来受到家乡很大的影响。

饮食习惯其实很大程度上来自“他人”。比饮食习惯更难以察觉的是语言，以及以语言为奠基的知识、智慧、思想等。语言的习得肯定来自“他人”，个人不可能独立发展出“语言”的能力。正如你生长在中国，你就习得中文；生长在美国，你就习得英语；生长在德国，你就习得德语。

作为一种公众交流工具，语言会呈现一些局限。为了保证每个使用语言的人都能对语言应用自如，语言务必会照顾到使用语言的这张网络中理解能力最差的人，若非如此，语言就难以在所有使用者那里通行无阻。

这会造成什么影响呢?

影响就是，强行去用语言表达很多相当有价值的智慧、思想，就相当于要把真实的美好世界塞进电视机的信号里去，因为只有转换为电视机的信号人们才能在电视终端上尽可能多地看到这些内容，但这就意味着真实的美好世界的形象要为此大打折扣。显然，电视机里呈现的世界的真实性和丰富度都无法与真实的美好世界相提并论。

这就是《道德经》开篇所说的“道可道，非常道”的深意。要把“道”（第一个道）硬塞进语言（第二个道）中去，“道”自然就会大打折扣，不是原来的“道”了。

我们每天使用语言来交流，各种早已在“他人”那里熔炼烂熟的价值判断、知识思想、审美习惯等都随着语言灌入我们的大脑。我们常常对此毫无知觉，欣然接受，又让这些来自“他人”的先入之见影响我们的行为。

当然，这不全是坏事，很多时候好处也是显而易见的，即我们会因此而很自然地就衣着得体，言辞恰当，不会一不小心就违背社会规则；我们会很自然地讲究卫生，避开肮脏背后藏匿的细菌和病毒；我们也会很自然地喜欢流行的歌曲或者小说，并从中获得享受和快乐……

是的，就着语言的便利，接受“他人”的先入之见好处如此显而易见，我们不知不觉就会“沉沦”其中。

当对着心爱的人表白时，我们说出来的肺腑之言常常不过是下意识地沿用了某个肥皂剧狗血剧情的对白；当在朋友圈乐此不疲地转发热门文章以彰显自己的立场和洞见时，我们常常只是惰于思考和考察真相，而顺应了一股子流行的情绪；当用名牌服装、名牌首饰、名牌车来标榜自己独一无二的个性时，我们早忘记了这些看似属于个性的表现其实出自“他人”之手。

他人即地狱，存在主义对此做了极端的批评。我们生活在“他人”的世界里，并很容易在他人带来的各种显而易见的好处和情绪冲击中“沉沦”，而大多数人难以意识到这一点，在“他人”中失去了自己。

庄子之所以被称为先哲，原因之一就是在2 000多年前，文明还没有如今天一样“物化”的时候（见本书福特一章），他就敏锐地洞察到了这种丧失自我的“沉沦”为我们人生设下的无形羁绊。所以，这个表面“顽皮”的家伙，赠予后世的激情要诀就在此：对这种“沉沦”于“他人”的觉醒和反抗，冲破无形的羁绊。

用乔布斯的话说，就是要追随你的心。

用我们今天的时髦语说，就是要活出自我。

悲剧精神的起源

悲剧只是不幸和痛苦吗？人类从来不缺不幸和痛苦的体验。饥荒疾病、毒蛇猛兽、战争等苦难，自有人类以来就和我们形影相随，一路“多情地”陪伴我们走到今天。向未来看，好像这些苦难也没有和我们“分手”的打算，以至于文明发展程度越高，我们小说里或者银屏上描绘的世界末日倒越来越逼真。

作为一种艺术形式，悲剧起源于2 500多年前的古希腊。在这里，人类终于意识到自己在天地间并不是那么卑微，而开始满含激情地试图探索，还不时冲动地要跨越人与神的边界，虽然因此屡屡无奈地折戟沉沙并承受随之而来的痛苦，但这些其实不过是人类争取自身命运及这个世界主宰权的副作用而已。

什么是神？

回味一下前文我们聊到的规则和想象力，能更好地理解神的本质。其实，所谓的神，本质就是想象力战胜现实规则，可以随意逾越各种边界的理想。神能创造丰富多样的可能性，而人一度只能顺应单调无味的现实。所以人特别羡慕神，并渴望跨入本属于神的领域。例如，按照现实规则，人不能起死回生，神就可以；

人无法腾云驾雾，神就可以；人做不到担山赶海，神就可以……

人憧憬神，期望跨越人和神本来泾渭分明的界线，其实就是渴望超越现实中的种种障碍。即便不是全部，大部分障碍在后来的文明发展中确实被证明是虚妄无谓的，例如代达罗斯飞翔的神话在 1903 年就由莱特兄弟实现了。

古希腊人对跨越人和神的边界满怀激情，这种激情最终点燃了哲学，尤其是科学在古希腊燃起的火种。（这个解读是不是和常规的古希腊悲剧观有所不同？）

让我们从大家熟悉的《俄狄浦斯王》聊起。

这出悲剧的开篇就笼罩着难解的沉重气氛：忒拜城里瘟疫肆虐，这个苦难的国度就像汪洋里遭遇飓风的航船，即将被发怒的狂澜卷进无底的深渊，千千万万民众在病痛中呻吟哀号，无奈地挣扎着……

《俄狄浦斯王》以大瘟疫的场景开篇，也告诉了我们有千千万万人因此饱受折磨。看起来一个悲剧以此为主题才顺理成章，因为瘟疫正是从古至今人类共同面对的大不幸之一。

不要说古希腊人还没有足够的能力应对瘟疫，即便在古希腊 1 000 多年以后的中世纪，鼠疫也在数百年间夺去了欧洲近 1/3 人口的性命。

在肆虐的病魔前大多数人只能无奈地束手就擒，这难道还不够悲剧吗？《俄狄浦斯王》本应该顺着这个线索写下去。

岂料作者索福克勒斯笔锋一转，压根儿就不再关心瘟疫这事儿，也懒得理会在瘟疫中备受煎熬的民众。瘟疫只是一个背景，如此而已。《俄狄浦斯王》很快把目光聚焦到俄狄浦斯一人身上。

俄狄浦斯强壮彪悍，看不出有什么病痛，而且他位高权重，乃是一国之君。但偏偏就是这个身体强壮、有权有势、在俗世中出类拔萃的男人成了这场悲剧的主角！

俄狄浦斯还没出生时，就有神谕说他将来会杀父娶母。他的生身父亲，当时的忒拜国王对此惊恐万分，在俄狄浦斯降生之后就把他抛到荒山野外。没想到俄狄浦斯被牧羊人救下来，后来成为邻国科任托斯国国王的养子。俄狄浦斯对自己的身世一无所知，但在成长过程中他也听到了那个神谕——将来他会犯下杀父娶母的大错。

俄狄浦斯对这个神谕大为惊恐，当时他并不知道科任托斯国王只是他的养父，也不知道忒拜才是他真正的故乡。俄狄浦斯决定逃离科任托斯国躲开不幸的命运，他逃往了忒拜，逃亡的途中失手杀了一个人（你猜对了，就是他的亲生父亲——忒拜的老国王）。

到了忒拜的俄狄浦斯自以为从此可以逃离神谕的魔爪，看起来他似乎也时来运转了。俄狄浦斯破解了狮身人面女妖斯芬克斯的谜语，除掉了这个为害一方的怪物，因此赢得了忒拜民众的爱戴，被推选为国王，并和刚失去丈夫的王后结婚，之后生下了两儿两女。

终于有一天，瘟疫和灾荒降临到了忒拜城，从先知那里俄狄浦斯才知道这场灾难是他杀父娶母的恶果。真相大白，俄狄浦斯没有掩饰自己的过失，他向大众承认自己是引发灾难的元凶，放弃王位，并刺瞎了自己的双眼，从此盲游四海。

古希腊的悲剧为什么把故事的焦点集中在俄狄浦斯这样的强

者身上，而对广大民众遭受的疾苦一笔带过呢？即使不用严谨的统计论证，依靠常识，我们也很容易知道，和俄狄浦斯有相同命运的人屈指可数，但遭遇瘟疫和饥荒的人古往今来不在少数。

一出悲剧难道不应该关心大多数人的不幸，这样也好唤起更多人的共鸣吗？为什么古希腊悲剧要反其道而行之，关心类似俄狄浦斯这样鲜见的个案呢？

这样做其实另有深意，因为俄狄浦斯王正代表了人的能力和人类可为空间的边界。

俄狄浦斯是可以调动一切人间力量的国王。国王意味着什么？他总可以优先享有人世间的资源，饥荒爆发时，即便很多人饿死，俄狄浦斯王还是有饭吃的；瘟疫肆虐时，即便很多人病死，俄狄浦斯王还是会有医生保护，用特效药而安然无恙。

俄狄浦斯强壮勇猛，不然也很难杀死他的亲生父亲，打败这个怪物、那个怪兽；他聪明睿智，不然也不会猜出斯芬克斯的谜语；他品德高尚，不然也不会坦率地承认自己的错误。无论从哪个角度看，作为个体，俄狄浦斯差不多能称为一个完美的人，再往更强处走，那就是神的境界。问题正在于，无论有多少长处和优势，俄狄浦斯都无法跨越人和神的边界，无法逃脱神谕的命运安排。

古希腊悲剧精神的核心正在于此，它并不是想表达人无能的悲剧。弱小的人，比如吃不饱饭或者是病恹恹的人，大多数情况成不了悲剧的主角。正好相反，古希腊悲剧探索的是人的能力可以强大到什么程度，才会触及人和神的边界，探索人力不可逾越的边界。

简单来说，古希腊悲剧是强者的悲剧，而不是弱者的悲剧。和人一样，神也有七情六欲，也会争风吃醋。但和人不同，神可以左右这个世界甚至左右人的命运。

我们早早就知道人和神之间存在边界。但从古希腊开始，有一个重要问题是：人能不能跨越这个边界，成为自己命运乃至这个世界的主宰者。俄狄浦斯很强悍，他试了一下，想主宰自己的命运，然而失败了，因此故事成了一个悲剧！

所以，古希腊悲剧精神的起源，核心意义不仅在于艺术形式的创新，更在于探索和试图跨越如下的边界。

人	神
现实性	可能性
单调性	多样性
眼前的世界	想象的世界
顺应、接受	创造、主导
历史	未来

类似俄狄浦斯这样的案例在古希腊文学作品里不胜枚举。例如彪悍的阿喀琉斯，他在出生时被他母亲抓着脚后跟浸在冥河的水中，因此这个部位没有受冥河的水洗礼，此后，阿喀琉斯除脚后跟之外全身刀枪不入。

阿喀琉斯长大后成为战场上战无不胜的悍将，在特洛伊战争中，他为希腊军队的胜利立下汗马功劳，尤其是杀死了特洛伊第一勇士赫克托尔。

不过按照神谕，阿喀琉斯一定会死在特洛伊战争中。果然，在太阳神阿波罗的引导下，拐走绝世美人海伦的帕里斯射出一箭，不偏不倚，正中阿喀琉斯全身唯一的软弱之处——脚后跟，阿喀琉斯因此一命呜呼。

无论多么强悍，阿喀琉斯终究没有逃脱命运的安排。

值得留意的是，神只会在英雄人物重大的命运关头或者历史事件的转折点施加影响，大多数情况下，神很少关心，也很少干预人物的日常活动，神难以帮助庸人逆袭为英雄，这是人类自己分内的事情，应该依靠自己的努力而不是神的帮助。

所以，理解古希腊悲剧一个微妙的关键之一处就在这里：

- 消极来看，人的命运早已被注定，既然如此，那就消极等待命运转折点到来吧，反正也不可违抗。
- 积极来看，用今天的流行语来说，大多数人还没有足够努力，以至到要拼命运的时候呢。就算已经尽了人力，到了人和神边界的地方，这个边界就算不可逾越，也可能通过努力向神的方向多推进一些。

前文讲过的皮格马利翁的故事不正是如此吗？作为杰出的雕塑家，他极尽自己的才干和努力完成一件杰出的作品，接下来就是用他的诚心打动神，让神赐予这尊雕塑以生命。

他成功了！至少故事里是这么说的。

远征特洛伊的希腊军队统帅阿伽门农在取得胜利返回家乡后，被他的妻子和妻子的情夫密谋杀害。多年后，他的儿子俄瑞斯忒斯为他报仇，杀死了阿伽门农的妻子，也就是自己的母亲。按照古希腊的法律，俄瑞斯忒斯应该向杀母仇人复仇。富有讽刺意味的是，杀母仇人就是自己，从此，复仇三女神紧紧追随他，让他几近疯狂崩溃。

在太阳神阿波罗的指引下，俄瑞斯忒斯来到了雅典，寻求智慧女神雅典娜的帮助。雅典娜召集人间的法官，组织法庭对这件事情做出审判。阿波罗充当了俄瑞斯忒斯的证人和辩护人。法官们投票对俄瑞斯忒斯做出裁决，投票结果是一半对一半，旗鼓相当。最终雅典娜投出了关键的一票，宣告俄瑞斯忒斯无罪，他获得自由，重新回去做首领，即使复仇女神心怀不满，也要尊重裁决结果，不能再纠缠俄瑞斯忒斯。

俄瑞斯忒斯从神那里获得的并非神力的帮助，而是道义和智慧的支持。这就是古希腊人的悲剧精神，他们没有简单地把饥饿、灾荒和瘟疫视为悲剧，他们是如此努力地让人生的美好绽放：健美的躯体、智慧的头脑、受人尊重的美德、不加虚掩的爱恨情仇。

古希腊人确实感受到了生命不可承受之痛，但这只是因为他们的努力让他们走到了人和神的边界之处，这条边界不可跨越，而成为悲剧精神的起源。

但这条边界的位置可以通过努力改变，之后的古希腊，哲学特别是科学的崛起，会将这个边界向神的一方持续推进。人越来越渴望捕捉比眼前现实美好的可能性，誓让未来比历史更美好，对自己的命运有更强的主导。

这种努力并不能改变悲剧的根本，即便到了今天，我们的努力始终未能改变每个人最终的结局——死亡，凡人的界限亘古未变，始终不能超越！

但每揭开自然或者人生的一个秘密，就能获得更多如神一般的力量，未来也因此为我们铺开更多可能的路径。人类因此生生不息，拥有越来越强的主导权，越来越多的选择权，并由此满怀激情。这才是悲剧精神感人至深之处！

非常难VS不可能

在古希腊神话中，代达罗斯是一位优秀的艺术家，富有想象力。他想离开克里特岛时，发现国王封锁了陆路和水路，鉴于此，代达罗斯想出了一个主意——他要飞出这个岛。心灵手巧的代达罗斯开始给自己和儿子制作翅膀。奇迹出现了，不但代达罗斯拍着翅膀飞了起来，他的儿子伊卡洛斯也飞向了天空。父子俩兴高采烈地拍着翅膀，想要从克里特岛脱身。

起飞之前，代达罗斯特意叮嘱年轻气盛的儿子：不要飞得太高，不要过于靠近太阳。伊卡洛斯满口答应，心中却不以为然。刚一在天空中翱翔，伊卡洛斯就抑制不住兴奋之情，他越飞越高，离太阳也越来越近。炽热的阳光烤化了粘在翅膀上的蜡，伊卡洛斯翅膀上的羽毛很快散落下来，他本人也从半空中坠入汪洋大海，丢了性命。

这当然是个传说，体现了人类自文明萌芽时就渴求飞天的梦想。当然，用今天的科学眼光审视，这个传说并不靠谱，即便人类装上了牢靠的翅膀，胳膊的肌肉带动翅膀所产生的最大动力也不足以让人离开地面半尺。

古往今来，人类为飞行做了很多尝试，这是一项“非常难”的挑战。后来牛顿发现了万有引力，人们才明白，原来正是来自地球的引力把我们牢牢“锁在”地面上，不能在空中自由翱翔。但飞天只是一项“非常难”的挑战，并非是一件“不可能”完成的事情，1903 年 12 月 17 日，莱特兄弟完成了人类历史上第一次飞行尝试。飞天，这个人类期盼了数千年的梦想，这个“非常难”的挑战，终于得以实现。

不过，有的事情就不像飞天这样“非常难”做到，而是根本“不可能”做到。

从古印度开始，人们就设想制造一种不需要外界输入能源，却能源源不断地运动，甚至还能对外做功的机械——永动机。这种想法的源头是能源获取的诸多限制，假如真的能发明出永动机，摆脱对外界能源的依赖，那这种机器的价值显而易见。

在数千年的文明史中，不停有“永动机”被设计出来，不少多情的人对这件事乐此不疲，尽管经历了一次又一次失败——就如人们在追逐飞天梦中所遭遇的那样，人们还是不肯停下脚步，总有人坚信，发明出永动机只是时间早晚的问题。

在此过程中，也有人对永动机的构想提出质疑。例如文艺复兴时期的达·芬奇就曾试图设计永动机，几经试验失败后，他明确表示永动机根本造不出来，但达·芬奇没有给出确切的说明，究竟为什么制造永动机是“不可能”的。

到了 19 世纪，物理学已经发展到一个相当高的水平，人们发现了能量守恒定律——能量可以相互转换和传递，例如动能转变成势能，势能转变成动能，但绝不可能无中生有地造出来。

按此推论，没有能量注入，无限消耗能量甚至创造能量的永动机是根本不可能存在的。至此，才从原理这一根本出发为永动机画上了句号。

挑战“非常难”和挑战“不可能”有着截然不同的命运，人类的悲剧之一就在于常常混淆了两者。

一些只是“非常难”的事情，因为很难，人们屡屡挑战失败，最后“非常难”的事情竟然形成一种桎梏，阻止我们再去挑战它。据说东南亚一些国家驯养大象就采用了这种方法。在象年幼时就用粗粗的铁链拴住它，小象自然会反抗，试图挣脱铁链的束缚。但任凭它用尽全力，身躯因此被勒得鲜血淋漓，也无法扯断铁链。在多次尝试失败之后，小象逐渐接受了自己的命运，并形成了一个根深蒂固的观念——自己是不可能挣脱铁链的，反抗只会让自己吃尽苦头。所以小象放弃了反抗，有朝一日小象长成大象，已经有实力轻易挣脱铁链时，它已经没有这个意识去反抗了。因为对大象来说，挣脱铁链从“非常难”的事情变成了“不可能”的事情，最终束缚它的不是铁链，而是这种错误的观念。

同样，强行把“不可能”的事情变成“非常难”的事情也害人不浅。例如在很多庞氏骗局中，有限的财富不可能无限地让参与者分享，但被利益冲昏头脑的人们常常认为在这种庞氏骗局里捞钱只是难度高低不同而已，最终大多数人血本无归，受到了“不可能”的无情惩罚。

“非常难”和“不可能”的边界十分微妙，当我们想大胆逾越各种边界时，一定要清晰地区分这两者：既不能放弃“非常难”的事情，也不要去挑战“不可能”的事情。但“非常难”和“不可能”这两者的面貌是如此相似，难免混淆，如何把它们清晰地区分开呢？这就需要一种很重要的思维——第一性原理思维（没错，就是硅谷钢铁侠埃隆·马斯克推崇的那种思维方式）。

如果对一件事情追根溯源，发现它从根本上就与这个领域的原理相抵触，尤其与诸如物理定律、数学定律等基础学科的原理相抵触，那基本可以判定这件事情是“不可能”的，就如我们在永动机的案例里看到的那样。

但如果这件事没有触及原理的边界，那么我们就要勇于挑战和尝试，许多曾经在人类早期看起来“不可能”的事情，例如千里眼、顺风耳、上天入地，最后被证明在原理上都是行得通的，而且实实在在地实现了。

不要把激情用错地方，否则激情真的会演变成悲剧！

柏拉图学园和稷下学宫

40 岁被称为人的鼎盛年，古人看来，人到这个年龄就进入了最富创造力的阶段。这话用到柏拉图身上一点儿也不假，正是在 40 岁的时候（约公元前 387 年，还要过 3 年亚里士多德才出生），柏拉图在雅典创立了“柏拉图学园”，这时距离他的老师苏格拉底辞世已经 12 年。

显然，柏拉图是个尊师重教念旧的人。今天我们翻开《柏拉图全集》，大部分内容采用对话体的方式写成，对话的主角并非柏拉图本人，而是他的老师苏格拉底。许多对后世影响深远的智慧即便出自柏拉图本人，也要通过他的老师苏格拉底的形象说出来。

同时，柏拉图是个很开明的人，他没有强制他的学生要像他尊重苏格拉底一样尊重他。在柏拉图学园成立 21 年后，当时年仅 18 岁的亚里士多德进入了柏拉图学园学习，他在这里执着地追随了柏拉图 20 年之久，直到柏拉图 80 岁去世才离开，可见柏拉图对亚里士多德的影响之深。

关于尊师，亚里士多德有句名言：“我爱我的老师，但我更爱真理！”

亚里士多德这么有独立精神，如果柏拉图真要强制他接受自己的教条或者信念的话，那么亚里士多德绝不可能在柏拉图学园待 20 年之久，特别是这 20 年正是他大好的青春年华，也占去了他人生 1/3 的时光。

柏拉图学园不颁发文凭，所以不要误解亚里士多德是在这里攻读博士之类的（虽然没有文凭，但是对亚里士多德来说，在柏拉图学园的 20 年学习还是非常值得的，之后他成为一代豪雄亚历山大大帝的老师，亚历山大一路东讨西伐还不忘把沿途遇到的珍禽稀兽、书籍文献送给他的老师研究）。

学园也不收学费（至少柏拉图在世时是如此），所谓的课堂更像是思想者的聚会场所。不过，也不要以为柏拉图学园就像一个开放的剧场——谁都可以进来。绝对不是，这里可有很高的准入标准，学园门口立了一块大大的牌子，上面写着：不懂几何者不得入内。

这个标准高吗？

如果是在今天，有中学文凭的人大多已经接受过良好的几何学基础教育。但考虑到这是在 2 000 多年前的古希腊，几何学刚刚萌芽，当时真正懂几何学的人屈指可数。能敏锐意识到几何学的重要性，对几何学充满热情又有建树的人一定是当时杰出的思想家。

先来闲扯几句为什么几何学会在当时成为一门显学。

催生几何学的首先是现实应用场景——丈量土地。农耕时代，绝大多数人都依靠土地吃饭，因此土地是非常重要的生产资料，那个时代的很多战争都是围绕土地的争夺展开的。土地这么重要，丈量土地的要求就比较高。当时的市场不发达，农民也多愿意扎根在自己的土地上，土地交易似乎没有那么频繁。但别忘了一件事，一个农夫总会有几个儿子，将来他的土地是要分给这些儿子的，而这些儿子又会有他们的儿子……利益主体多起来，土地划分和买卖的次数就会增多，人们自然不肯在这种利益交割中吃亏，对土地丈量术的精确度随之有了非常高的要求，这就催生了几何学。

而且几何学很快在土地丈量之外找到了更多的应用场景——建筑、航海等。古希腊的建筑材料多为石材，这就对建筑设计和建造的精确性提出了高要求。和丈量土地不同，建筑带有创造性，需要在尊重地球引力的前提下建构起兼顾实用、美观、宗教等要素的宏大结构。相比木质材料，采用石质材料更容易建造起更高的建筑、规模更大的建筑群，例如后来德国的乌尔姆敏斯特大教堂的主塔高度就超过了 160 米。即使是古希腊时期兴建的巴特农神庙，一根柱子的高度也超过了 10 米。想要用厚重的石材建构规模宏大的建筑，只是进行简单的测量、简单的面积计算是远远不够的，现实对几何学的发展提出了更高的要求。

古希腊的几何学因此兴盛起来。但一个关键的转折在于：在高超的抽象思维助推下，几何学脱离了实用，进入了一种纯粹思辨的体系构造。例如，泰勒斯发现了一个定律：A、B、C 是一个圆上不同的三个点，如果 AC 是圆的直径，那么角 ABC 就必为直角。倘若在现实里去找这样的案例，简直屈指可数，但泰勒斯已经懂得超越现实的局限，用演绎逻辑，以简洁的表述就概括无穷多可能性的技巧。古希腊的哲人越来越追求思辨知识的严密、简洁和完备，差不多 2 000 年后笛卡尔的那种渴望建立起终极真理知识体系的冲动，在这里已经露出苗头来。例如，到泰阿泰德的时候，古希腊人已经掌握了全部 5 种正多面体（正 4 面体、正 6 面体、正 8 面体、正 12 面体、正 20 面体），这些知识很多是难以通过观察现实直接获得的，我们几乎很少看到自然形成的正多面体，要从大自然里找出一个正 20 面体无异于大海捞针，所以获取这样的知识就要靠高超的逻辑思维能力。到欧多克索斯的时候，人们已经懂得用穷举法去计算曲线物的面积和体积，这可是现代微积分的鼻祖，这些知识需要的不仅是逻辑思维，还要有创造性解决问题的想象力。

从此开始，人类文明的进步除实用驱动之外，思辨驱动逐渐成为重要力量，这整个改写了人类发展的轨迹。这也意味着人类的角色从这个世界的响应者，转变为了积极构建者。人们先在想象中勾勒出未来多样化的、合理的可能性，随之选择合适的在现实中创造出来，未来从此不再是历史的惯性延续，而成为人们主动积极的创造。对人类的进击来说，这是个关键而深刻的转变。

等等，说了这么多，你可能有些疑惑，这些和激情有什么关系呢？关系非常大，因为一个事关激情的重大主题——理性与科学建构，就要浮出水面了。倘若没有这一条，人类还始终在悲剧中打转呢！

前面讨论悲剧的起源时我们说过，古希腊人发现了人和神的边界，发现了人力的局限（这也是悲剧的起源），因此古希腊人始终不懈努力把这个边界向神的一端拓展。这种拓展显然不是通过武力的方式，武力只能解决人和人的边界问题，解决不了人和神的边界问题（正因为如此，本书没有太费笔墨描述那些看似有激情的武力征服者，比如在而立之年就已征服近半个世界的亚历山大大帝）。

要想把人和神的边界不断向神的一端拓展要依靠什么呢？这就是《几何原本》要回答的问题。在几何学和思想史上具有里程碑意义的是欧几里得写出的《几何原本》，这本不朽之作为科学思维建立起了典范：一是以不证自明的公理为体现建设的出发点，二是借助了严密的逻辑推理来严谨地构造整个几何体系。

不要因此误解，误认为几何学知识就是我们所需要的全部。显而易见，单靠《几何原本》我们解决不了瘟疫灾荒、国家治理、贸易金融等诸多问题。如果我们真是饿得发慌，应该抱着烧饼而不是《几何原本》啃。

那为什么《几何原本》这样重要呢？因为在《几何原本》里渗透了一种理性的思维，渗透了一种科学建构的追求。《几何原本》从五个不证自明的公理出发，依靠严密、清晰的逻辑，建构出了庞大的几何学体系。

这有什么重要呢？

当然很重要，你看看 2 000 多年后的今天，无论在中国、美国、澳大利亚、南非还是巴西，无论是为了修房造桥还是为了设计航天飞机，我们仍然在应用《几何原本》里的知识，而且对这些知识的认知拥有高度的一致性。

也就是说，几何学拥有超越具体历史、文化、宗教、语言等背景的纯粹性，让无论哪个时代、信仰什么宗教、使用什么货币的人对它的认知都保持高度的一致。这种一致性让我们可以超越各自的背景相互协作，将那些本来操着不同语言无法顺畅沟通、互存偏见乃至歧视、理解力高低不同、偏好不同的人的力量前所未有地整合起来。

“数学是上帝的语言！”古人这么赞叹道。掌握了几何学（数学），也就意味着人开始掌握“上帝”的语言，拥有“上帝”的力量。

从此开始，人们逐渐发现，那些在我们身边本已经习以为常的自然现象其实暗藏着很多“玄机”，一旦把握这些“玄机”的奥妙，比如杠杆原理，真的可以做出“上帝”一样的壮举，“给我一个支点，我可以撬起地球”，阿基米德如是说。

宙斯都没这般豪壮过！

所以，构建起类似几何学的科学体系，不仅可以帮助我们实现跨背景的协作，而且可以深入地认识自然、改造自然，取得许多过去看起来只有神才能取得的成就！

神话是人类想象力的襁褓，在神话的勾勒中，神的世界拥有不同于人类现实世界的多样可能性，但这些可能性未必都是合理的，只有当想象力和理性，神话和科学结合起来，合理的可能性才会在现实中实现、创造价值。

科学和神话都在捕捉多样的可能性，但科学最终从神话中挣脱出来，和想象力另立合约，开辟自己的战场，超越艺术的领域。后面我们会看到，文艺复兴之后，商业的力量又掺和进来，让科学的力量越来越深地渗入现实的每个角落，让世界的每个明天越来越值得憧憬。到今天，神话只是作为一种艺术欣赏而存在，科学则让人类成为新神话的主角，以至于让我们的生活本身成为艺术！

现在我们要把视野推向东方，就在和柏拉图几乎同时代的中国山东淄博（注意是柏拉图本人而不是柏拉图学园，因为学园存在了 900 多年之久，到中世纪才被关闭），也有一处类似柏拉图学园的思想汇聚和连接之地——稷下学宫。

当时是战国时期，齐国的都城在临淄（也就是今天的淄博），而“稷”则是临淄城的一处城门，所谓稷下学宫，就是齐国官方设立在当时临淄附近的一个“学园”。和柏拉图学园一样，这里敞开大门，有才能的人都可以走进来，不但不收学费，来的人还会因才能出众而受到优待，体现了那个时代对人才最大的尊重。所以在稷下学宫开设的约 150 年中，诸子百家的很多能人贤士都汇聚到了这里，如孟子、淳于髡、邹子、荀子……

如前所述，这种高密集的思想、智慧汇聚会推动“连接”的丰盛，一时间齐国引爆了“百家争鸣”。不过，稷下学宫可没有挂诸如“不懂几何者不得入内”之类的牌子，和柏拉图学园大不相同，这里基本不会讨论数学问题。在那个时期的中国文化里，没有类似古希腊一样出现悲剧的兴盛，事实上，中国的古人多在追求“天人合一”的境界，而不是把“人”与“天”对立起来审视。

因此，同时期创立的东、西两个“学园”有所不同：柏拉图学园关心的是“人和神的边界在哪里”，而稷下学宫关心的是“人和人的边界在哪里”。

稷下学宫的贤人们不关心人和神的边界问题，科学也没有从这里萌芽出来。他们中大部分人也不喜欢战争，痛恨战争带来的灾难和痛苦，不少人很清醒地意识到，虽然战争是快速获取财富的手段，但是给整个社会带来的是痛苦和消耗。这些获取财富的重要路径都不想走，又如何增加社会和个人的“幸福指数”呢？贤人们提出了许多“治世良方”，然后这些“治世良方”与其说是重视如何增加社会财富，倒不如说是渐渐被逼着思考如何分配有限的财富，才能让所有人，或者一部分人，或者关键的人能够满意和幸福。

饼就那么大，无论怎么划分，大家都不满足，于是，解决问题的焦点不可避免地归结到个人身上。不思考做大饼的方法，但又想让人们对分到的饼感到满意，出路只有一条——个人要约束自己的欲求。

我们举个例子来说明其中的奥妙。假设 1 张 1 斤的饼 10 个人分，每个人都希望分到 2 两，现在看来每个人只能分到 1 两。要让人们满意，怎么办？

有两个办法。一是让饼变成 2 斤，这样每个人都能分到 2 两，大家都满意了。那么要想有 2 斤饼，也有两个主要方式。

一个方式是从其他地方抢 1 斤饼来，很快就有了 2 斤饼。这就是战争的方式，也是从古至今战争连绵不断的原因。战争这种方式缺陷很明显，是个零和博弈甚至负和博弈的过程。我抢了你的，你自然就少了，社会总财富没有增长，相反还会因战争而消耗，甚至牺牲很多人宝贵的生命。

另一个方式是要创新，多种些粮食，多产些油，多烧些柴火，方式得当提升了做饼的效率和效果，不需要抢别人的财富也能做出 2 斤饼。这就是科技创新的方式，也就是本书中反复提到的推进人和神边界的尝试。这种方式的特点是需要累积，见效慢，但和战争不同的是它不是零和博弈，而是正和博弈，尤其不需要牺牲宝贵的生命，还能推动社会总财富持续增长。

如果上面两条路都不想走，还是只有1斤饼，又想让人们都满意，那就要走另外一条路：降低人们的欲望值，让每个人有1两饼就感到满意。

这就要强调个人的修为。于是，在轻于讨论人和神的边界，而重于讨论人与人边界的环境里，自我的修为，或者确切地说，自我的约束就成为最后的济世良药：无论稷下学宫的贤人来自哪个学派，他们大多会强调个人的修为！或者通俗点儿说：嘿，大吃大喝、声色犬马可不是幸福的来源，要找到幸福，需要不断提高自身的修为，在人“食色性也”的本能享受之外另辟蹊径！

经典表述是：存天理，灭人欲。个人如果都能做到这一点，怎么分饼这个难题就好办了！

我们随之看到激情的另一个核心要素——超越本能的个人修为。或者说，通过提高个人修为放下人本能欲望里过于贪得无厌的部分。在孔子、老子、庄子、朱熹等大贤那里，你会听到关于这个主题的各种训示，在诸葛亮、玄奘、王阳明、曾国藩等高人那里，你会看到这个主题的实践，而在乔布斯那里，你看到的是这种修为和人神边界探索的可贵统一！

抽象的优势和局限

科学在古希腊的萌芽，毋宁说大大得益于抽象思维的发展。在“肉身时代”那个小节，我们透过现象学的视野，聊过“抽象”这个问题。这是个非常有意思的话题，让我们先稍做回顾。

一切现实事物都存在于具体背景之下，任何脱离具体背景的抽象之物在现实里都不存在。例如“红色”，现实世界里没有单独存在的“红色”，存在的一定是具体的红色之物，例如红色的苹果，红色的纸张，红色的太阳。然而，我们竟能在语言里把“红色”拿出来单独使用，而忽略现实世界里没有独立存在的“红色”这个事实。继而我们可以在物理学中考察红色的波长，在心理学中剖析红色和人类情绪的关联，在艺术学中探讨红色的艺术表现力。

这些思维都只聚焦红色，而无视它的任何具体背景。这就是一种抽象。但如果按照上面的分析，抽象多少有些问题，因为它忽略了一个简单的事实，即现实世界没有脱离任何具体背景而独立存在的抽象物。

但抽象自有优势。

语言已经是一种抽象，科学会更进一步，它会追求抽象出来的要素的逻辑关系，探讨它们之间的因果关联。

你会发现一个很奇妙的事实——尽管现实里不单独存在类似“红色”这样的抽象物，真实存在的一定是具体的红苹果、红太阳，但严格的因果关系存在于抽象的要素之间，而不是具体事物之间。

例如，一个常见的事实是水火不容，火苗遇到大水一定会熄灭。这是人们对水和火这两个具体事物相互关系根深蒂固的印象，或者说经验，似乎水能灭火就一定是个颠扑不破的真理。

但这是真相吗?

科学会把燃烧的要素抽象出来，发现只要能够满足两个抽象的要素，物体就可以燃烧：一是有充足的氧气，二是达到超过引燃物着火点的温度。所以我们会看到一个有悖于我们经验的事实——放在水里的白磷，如果水温达到相当的温度，并且通入足够的氧气，白磷就可以在水里燃烧起来。

这就是经验和科学的区别：经验所关心的是具体事物之间的因果关系，例如水火不容；科学则进行了高度抽象，关心的是抽象要素之间的因果关系。例如只要满足有充足氧气和温度高于着火点，引燃物就一定能燃烧，即使这种燃烧看起来有悖于我们的日常经验。

事实证明，尽管经验具有实用价值，可以很快地指导我们行动，在很多情况下也表明经验是正确的。但真正颠扑不破的真理是科学，即进行了抽象、探讨抽象要素相互间严格因果关系的科学。只有科学才能保证因果关系最大限度地具有普适性，经验则做不到这一点。

当然，抽象并不全是优点，也有它自身的局限，或者说有自己的应用边界。就如我们前面聊到的，抽象忽略了这样一个事实：这个世界上并不存在任何脱离具体背景的纯粹抽象物。所以抽象也有自己的应用范围。

法国大哲学家笛卡儿也是解析几何的创立者，他深深地痴迷于几何学：从不证自明的公理出发，通过严格的逻辑推理建立起无懈可击的、庞大的几何学体系。

“如果人类所有的知识都能像几何学这样去建构，那该多好啊！”笛卡儿这么想。所以，他决定着手做这件事情，先要为人类的知识找到不证自明的公理，然后从这个公理出发，用严格的逻辑推演出人类的知识体系。

这样建立起来的知识体系一定严谨且无懈可击，笛卡儿这么认为。

要找到不证自明的公理，采用的方法就是先怀疑一切。但倘若所有都怀疑，就找不到不证自明的公理起点了，所以笛卡儿认为，至少有一个事情是不能再怀疑的，否则就真的没有什么可以相信了，这件事情就是“我在怀疑”这件事本身。“我在怀疑”，这就是不可怀疑的。

而“我在怀疑”就一定意味着“我”的存在，所以笛卡儿提出了著名的“我思故我在”，以此作为他严密庞大的知识体系的起点。

回顾历史，我们很容易就知道笛卡儿的梦想没有实现，他没有真正用这种方式建立起一个庞大且无懈可击的人类知识体系，不然后面的牛顿、爱因斯坦、爱迪生、霍金等人就成为闲人了。

笛卡儿的问题之一就在于他把“抽象”这一方法从几何学这个范本中，跨越使用到了所有人类知识的范围，这是过分推崇了“抽象”的威力，而忘记了一个事实——现实中并没有脱离背景而独立存在的抽象之物。

抽象的方式是有应用范围的，不是在所有学科研究中我们都可以抛弃这些背景，尤其是在人文学科中，更不能如此作为。

用我们之前关于“非常难”和“不可能”的探讨来说，想把“抽象”应用到所有学科，不是“非常难”，而是“不可能”，我们得充分尊重这个边界。

玄奘西游记

公元629年，即贞观三年。这一年唐太宗李世民只有31岁，刚过而立之年的他正摩拳擦掌，励精图治，开疆拓土。

同年，玄奘（也就是《西游记》里的唐僧）刚刚28岁，和《西游记》里描绘的一样，他下定决心西去取经。但和《西游记》情节大不相同的是，唐太宗李世民并没有为玄奘举行盛大的欢送仪式。非但没有热闹的欢送仪式，史实是，玄奘取经这事儿虽然事后被视为壮举，但最初根本没有获得朝廷的批准，而是玄奘个人“胆大妄为”偷偷进行的。

《西游记》里把唐僧描绘为一个优柔寡断、懦弱怕事、没有主见的人，这可真是冤枉了原型人物玄奘。

玄奘西去取经，走到了瓜州（今甘肃酒泉），当时瓜州刺史独孤达是个佛教徒，对玄奘还比较友好，他觉得西去的路太坎坷，劝玄奘早日折返。按独孤达的描述，出了瓜州，先有一条水流湍急的大河，这河上是玉门关，过河就得过玉门关，但问题在于玄奘没有通关的证明。就算玄奘运气好，混出了关，这后面还有各自相距100里的五座烽火台，每座烽火台都由精兵把守，没有通关证明的玄奘随时会被逮起来遣返。就算玄奘不在乎会不会被朝廷发现、会不会被遣返，但这些烽火台之间可都是寸草不生的沙漠。过了这五座烽火台，还要穿过 800 里流沙才能到伊吾国境。可这还只是开始，距离印度还有十万八千里，后面不知道有多少坎坷呢。

想一想，这不叫取经，叫玩儿命！所以独孤达劝玄奘早点儿回头是岸。玄奘也是凡人，一听也充满忧虑，就在瓜州逗留下来，其间从长安陪着他一路走来的马也病死了，这让玄奘更感忧伤（玄奘的传记里没好意思写他有些犹豫）。

有一天，一个叫李昌的官员匆匆忙忙地来找他。李昌显得很神秘，给玄奘出示了一封刚刚收到的公文。公文是从凉州发来的，大概内容是有一个叫玄奘的和尚正准备私自出境，所以要求沿途的各地方官员严加监视，一旦发现，就把他押回京师。

这里先要说一说，为什么凉州要专门针对玄奘发这么不友好的公文。因为当时大唐西北边境上突厥的势力强大，边境冲突不断，所以朝廷严禁大唐的老百姓私自出境。

当初玄奘走到凉州（今甘肃武威）的时候，就遭到了当时凉州都督李大亮的阻止。李大亮很不客气地警告玄奘：千万不要妄想出关，如果他有这样的念头，就会把他押解回长安。幸亏当时凉州的慧威法师很佩服玄奘取经的决心，所以派了两个心腹弟子暗中护着玄奘逃出凉州到了瓜州。

李大亮猜想玄奘有私自出境的心，就给沿途的各地方官员发了这个类似“通缉令”的公文。玄奘一见公文，心中暗叫不好。

李昌面带神秘的微笑问道：“不知道法师是不是公文中所说的

玄奘呢？”出家人不打诳语，但显然玄奘也不想束手就擒，一下子不知道怎么回答好。李昌见玄奘有些犹豫，很诚挚地说：“如果是，法师就如实相告，我一定替你想办法脱身。”玄奘大喜过望，他告诉了李昌自己的真实身份，也把自己去取经的由来说了一遍。李昌听完，被玄奘西去取经的志向所感动，他把文书撕了个粉碎，然后劝告玄奘说：“夜长梦多，要不法师就赶快动身吧。”

玄奘这才从瓜州脱了身。他没有折返长安，而是更加坚定了继续西行的决心。

走在横亘于瓜州和伊吾之间的800里莫贺延碛流沙中时，玄奘犯了一个错误。这个错误现在我们听起来不是什么大问题，但在当时的情况下却是致命的：玄奘一不小心把水囊打翻在流沙地上，水一滴不剩。

没有水，在茫茫的沙漠中待久了无异于丧命。

这时候，玄奘一个人牵着一匹马，在800里流沙中已经走出了100多里远。还好，回头的路不算太远。显然，明智的做法就是先回头，装好了水重新走大沙漠。

玄奘无奈，只好先选择走回头路，才走了10多里，他突然想起自己曾发誓：不到印度（当时称天竺），绝不东归一步。玄奘立刻停下了脚步，随后，他做了一个看似很不理智的决定，即放弃回头找水的路，继续在没有水的情况下西行。

是的，仅仅为了恪守曾经的誓愿，玄奘做了一个看似缺乏理性、拿自己的生命做赌注的决定。其实，就算回头去装水，也并不算违背自己当初的誓愿。但越是艰难的挑战，越激发了玄奘西去取经的决心。

坚定的信念在面对苦难的挑战时，往往会激发万丈激情。越挫越强，这是富有激情而特立独行者的气质。

随后的五天四夜里，玄奘和马匹滴水未进。糟糕的是，这是在茫茫大沙漠里滴水未进。但玄奘牵着马，仍然富有激情地坚定西行。

走到第五天，玄奘头晕目眩，全身发烫，最后连人带马瘫倒在大沙漠中。

自助者天助也！就在第五天夜里，玄奘几近虚脱地瘫倒在沙漠里，恍惚之间，梦里出现了一个巨人，呵斥道："打起精神来，继续赶路，躺在那里做什么？"玄奘一个激灵醒过来，立刻上路。才走了十几里，突然老马变得很狂躁，不听玄奘指挥，非要走自己认定的一条路。

玄奘拉不住马，只好跟着它走。走了数里，一片青草地奇迹般地出现在眼前，青草地旁边就是一个水池。有水有草，就有了生机。

历经五天五夜的苦难修炼，玄奘连人带马终于得救了。休整一下，补充水草，又过了两天，玄奘终于走出了 800 里流沙。

为了求取真经，玄奘游历了大半个印度，但主要是在那烂陀寺学习。那烂陀寺是当时印度的佛教重地，印度历史上最后一个统一北印度的本地国王戒日王就曾经花巨资在那烂陀寺旁建造了一座高大的鍮石精舍，一时名震四方。

不想此举引起了信奉小乘佛教的乌荼国的不满，他们拿出了般若毱多所著的《破大乘论》给戒日王看，并自负地认为没有大乘学者能够驳倒这 700 颂的高论。

戒日王立刻就给那烂陀寺写信，要他们派出通晓大乘的高僧，与自负的小乘师做一番辩论。

收到戒日王的邀请，那烂陀寺不敢怠慢，精挑细选，推举出了四位高僧，玄奘正是其中一位。其他三人对于驳倒小乘没有十足的把握，因而忧虑重重，只有玄奘一人认为小乘绝不可能破大乘，信心十足地准备应对这次挑战。

应战之前，玄奘先驳倒了一位上门挑战通晓小乘的婆罗门，并不耻下问，向他悉心请教了《破大乘论》700 颂中的每一个疑点，直到所有细节都了然于胸。而后针对《破大乘论》，玄奘很快写出了《破恶见论》1 600 颂。

《破恶见论》一被公示出来，立刻受到各方好评，很快玄奘就声名远扬。戒日王听闻玄奘的名声和他所做的《破恶见论》，异常赏识。

戒日王决定为玄奘在曲女城举办盛大的辩经法会，戒日王还将法会举办的信息通告整个印度，邀请印度的各方人士都来倾听玄奘宣讲大乘佛教的义理。

此时的玄奘已经在印度那烂陀寺学有所成，游历了大半个印度，正在筹备归国。接到戒日王的盛情邀请，玄奘认为这是一个普及大乘佛教、有益于众生的好因缘，因此欣然赴会。

公元 641 年，印度曲女城，即戒日王朝的都城，辩经大会在此举行。这次法会盛况空前，共有 18 国的国王到场，各路大乘小乘高僧 3 000 多人，只那烂陀寺就来 1 000 多僧众，此外还有外道 2 000 多人，各国大臣 200 多人。

现场不仅恭请玄奘荣登宝座，宣扬大乘佛法，还将他的论述抄写公示，向大众宣告：如有人能指出其中有一字之错误而驳斥的，那玄奘愿意杀头谢罪。法会进行了 18 天，竟然没有人能发言驳倒玄奘，一下子各方震动，很多人在玄奘的感召下纷纷改信大乘佛教。这让戒日王和各国国王大为赞叹，他们纷纷慷慨解囊，拿出金银财宝和各种珍奇供养玄奘。

面对巨额财富的诱惑，玄奘不为所动，他的心早已回到了东方的长安！

公元 645 年，玄奘回到了长安。历经 18 年的万里风霜，玄奘从印度带回来 657 部经书。

当初，他是偷偷溜出去的，官府像捉拿通缉犯一样四处发公文抓他。现在，他得到了空前的礼遇，长安城为他举行了盛大的欢迎仪式。

正在准备出兵打仗的唐太宗李世民决定抽空亲自接见这个传奇的和尚。不过见面的第一句话就是下马威，唐太宗问道：你当初为什么偷偷溜出去取经，竟然也不给我汇报一声？

当然，唐太宗不是真想问责玄奘，只是想表露一下皇家的威严而已。唐太宗向来求贤若渴，他看出玄奘富有激情，能为自己的信念不屈不挠，敢于直面各种挑战，从心底里欣赏玄奘。唐太宗心里想，如果玄奘能参与朝政，辅佐我治理天下，一定是个极好的人才！于是唐太宗劝说玄奘还俗，并许他高官厚禄。

玄奘没有想到皇帝突然提出这样的邀请，这和他当初偷偷西去取经的窘境反差太大了。那时他还只是一个默默无闻的穷和尚，如今取经归来，成为万人瞩目的大明星，现在皇帝还有意亲自把他捧上位，人生仿佛一步登天。

但玄奘委婉地说：“我从小就出家，潜心修佛，对治国安邦的道理实在懂得不多。如果现在要让我还俗从政，真的就是学非所用了。这就好比船在水里可以行进得很快，要把它搬到陆地上就没有什么用武之地，而且很快就会腐烂。当然我很愿意报效国家，只是我更愿意以弘扬佛法这种形式。”

趁着皇帝的兴头，玄奘顺势提出来要回他的老家河南，去嵩山少林寺翻译带回来的经书。

唐太宗显然很喜欢玄奘，虽然玄奘不能还俗从政，但他也不想玄奘离他太远，所以就主张玄奘在长安直接开始翻译佛经的工作。

于是，历经千山万水，从印度回来的玄奘没有停歇，没有享受唾手可得的荣华富贵，又马不停蹄地把他的后半生奉献给了佛经的翻译。

麟德元年，即公元664年，唐太宗已经去世了15年，这一年唐高宗在位，武则天垂帘听政。翻译佛经的工作还在进行，当时玄奘刚刚主持翻译完600卷之多的《大般若经》，这部大部头的经书有20万颂之多，全部按照梵文原本译出，没有删略一字。

此时的玄奘已经60岁出头。在完成《大般若经》的浩大翻译工程之后，玄奘感到自己的身体大不如前。僧众们请求他再主持翻译一部《大宝积经》，玄奘欣然答应，但提起笔来翻译了几行之后就感到力不从心。

玄奘放下笔叹息道：《大宝积经》和《大般若经》体量相近，我怕是没有精力完成这部经典了，我的时日可能已经不多。我死了以后，丧事要节俭处理，只要用一张薄竹席把我的身体卷好，埋在荒山野岭就可以了。千万不要靠近宫殿寺庙，免得让不洁之身污秽了这些场所。

正月初八，有一个叫玄觉的和尚突然梦到一座高大庄严的佛塔崩塌，他跑去问玄奘吉凶。玄奘淡然地说：没什么大事，这只是我辞世的前兆而已。

正月初九傍晚，玄奘不慎摔了一跤。看起来只是受了一点儿皮外伤。没想到玄奘一病不起，昏迷不醒，一直到正月十六才醒过来。正月二十二、二十三，玄奘感到自己大限已近，开始设斋供众，将生前所有布施一空。二月初四，玄奘右胁而卧，开始不动不吃不喝。二月初五夜半，他的弟子普光等问道："师父决定得生弥勒院内吗？"玄奘回道："得生。"说完呼吸渐渐变弱，然后就圆寂了。七天后入殓，玄奘遗体容颜毫无改变，也没有什么异味。

唐高宗听到玄奘圆寂的消息，哀号道："朕失去了国宝啊！朕失去了国宝啊！"一时满朝文武无不哽咽流涕。长安城为玄奘举行了盛大的葬礼，前来送葬的人有百万之多。葬礼当日，留在墓地守灵的人就有 3 万多。

玄奘部分遗骨葬在今天西安市郊的兴教寺。他翻译的佛经，历时上千年，直到今天仍然是通行的经典。

来自坚定信念的激情，往往越挫越强，历久弥新，而且超越一人之身，千秋不绝！

意义的构建

1980年，美国著名的存在主义心理治疗师欧文·亚隆出版了《存在主义心理治疗》。

存在主义是一个哲学流派，最早发端于现象学，代表人物包括海德格尔、萨特、加缪等，虽然他们不是每个人都承认自己属于存在主义流派。

传统西方哲学，尤其是形而上学，将抽象的手法和逻辑的架构运用到了极致，从尼采开始，才重新关注人的生存和境遇，而存在主义则糅合现象学的思想和方法，拓展了重新审视人的生存境遇的视野。

欧文·亚隆将存在主义的理念和心理治疗结合起来，写出了这本著名的《存在主义心理治疗》。在这本著作中，欧文·亚隆列出了他认为的4个“生命的终极关怀”——死亡、自由、孤独和意义。这4个终极关怀是我们每个人都逃不脱的主题。

这里要重点说下“意义”和“无意义”的问题。这个世界本没有意义，想一想人类诞生之前和未来人类消亡之后，世界有什么意义呢？没有人的世界就是无意义的。所谓世界的意义，其实都是人类赋予的。

人是意义构建的动物。作为群体，人类从文明萌芽时就编撰神话传说，甚至早期在没有文字帮助的情况下，也能口口相传地流传下来。作为个体，我们从小就喜欢听故事，编故事，并乐在其中，直到我们成年仍然保持着这种兴趣。

我们之所以对神话、对传说、对各种故事有浓厚的兴趣，是因为我们通过神话、传说、故事来构建或者追寻意义。这种意义的构建几乎渗入我们生命的每个细节，甚至当我们看着天上的流云，也要让本没有意义的云朵变得有趣起来，在我们脑海里，有些云就像万马奔腾，有些云就如花朵，有些云就像人的笑脸。这都是我们一厢情愿构建出来的意义。

虽然是一厢情愿，但构建出来的意义对我们有非凡的影响。无论是薪酬收入，还是别人赠送的礼物，抑或是远足旅行，都会或大或小地构成我们生活意义的一部分。

在所有意义中，有一种意义至关重要——“主意义”，它从最底层奠基起我们生命的河流，例如信仰，爱给人生赋予的意义。这些“主意义”赋予我们人生内在的激情，让我们有勇气面对挑战，甚至是暗淡的人生境遇。

很多时候，我们不怕艰难险阻，不畏受伤和失去，只要“主意义”还在，人生的激情就不会磨灭。但如果遭遇信仰坍塌、失去挚爱等打击，“主意义”崩溃，那人就可能感到精神无助甚至踏入绝境。

遗憾的是，拥有明晰而强烈的“主意义”的人其实并不多。恰如玄奘那样，他的佛教信仰强有力的构成了他人生的“主意义”，所以他才能将一生无私奉献给弘扬佛法，而不怕牺牲性命，不留恋凡世的财富名望，甚至做出冒着生命危险穿越大沙漠这样有悖常理的举动。谈到玄奘，联想读过马斯洛的《动机与人格》后，我有一个很深的感悟：自我实现程度低的人用快乐打发无聊和空虚；自我实现程度高的人用追寻意义感受幸福！

有激情者必有明晰强烈的“主意义”。激情其实就是构建和追寻这种意义的忘我状态！

丝绸之路交汇处的李白

《西游记》是中国四大名著里唯一一部玄幻小说，书中充满了瑰丽的想象。不过，最不可想象的事情最容易被人忽略，很少有人会提出这样的疑问：为什么唐僧师徒四人一路西行，不停地求助这个菩萨那个神仙，却几乎没有求助过翻译？吴承恩笔下的孙悟空神通广大，有诸多本事，他的外语能力却单单没有被介绍过。

显然，吴承恩偷了个懒。既然是虚构小说，就不必那么较真，如果在书中又刻画一个翻译出来，不仅浪费笔墨还会显得多余。其实管它神也好，妖也罢，无论外表看起来和我们周围的人有多大的不同，说到人情世故根底里都是相通的，又何必在乎彼此语言的差异呢？

《西游记》以大唐为背景，大唐之所以能承载如此瑰丽的想象，是因为从西汉张骞出使西域揭开丝绸之路的序幕到历经七八百年沧桑变化之后，本土文明与外来文明的交融达到了一个巅峰，从中亚乃至遥远的欧洲传来的各种文化，跨过语言的障碍，源源不断地让中国人见识到这个世界叹为观止的诸多可能性。

民间传说中，李白想入仕途，却始终不得志，最后终于能见到皇帝唐玄宗，正是因为他具备了吴承恩刻画孙悟空时有意无意地漏掉的外语能力，这在一个多文化交融的时代让一个文人有机缘脱颖而出。

据说当时一个外邦的使臣来到大唐，呈上该国的国书。唐玄宗展开一看皱了眉头，满篇的文字奇形怪状，没有一个字是看得懂的。不但唐玄宗，满朝文武的外语能力都很欠缺，居然没人能读懂这封国书。这让唐玄宗大为恼火，号称尽揽天下英才的大唐居然连封国书都读不懂，面子要往哪里搁啊，一气之下，差点就下旨把满朝文武免职了。借着这个时机，贺知章大胆站出来，举荐了李白。

作为一位真性情的大诗人，贺知章特别欣赏李白的才华。据说他们刚见面的时候一起喝酒论诗，“草民”李白在“高官”贺知章面前一点也不拘束，还口出狂言。要知道贺知章论年龄可以做李白的爷爷了，不仅是状元出身，还是皇帝身边的红人。但识货的贺知章不但不觉得李白狂妄，更是在看过李白的诗作后，盛赞李白为“谪仙人”（贬下凡间的仙人）。当天贺知章还忘了带钱，为了和李白喝个痛快，他解下自己随身佩戴象征地位的金龟当酒钱，这就是“金龟换酒”的由来。

无论“答蕃文”的故事是真是假，李白确实通过贺知章和他的红颜知已玉真公主的举荐来到了唐玄宗的面前。按照传说，李白非但读懂了这封难倒满朝文武的国书，还帮着玄宗写了一封漂亮的回信。总之，玄宗也很为李白的才华倾倒，至少在刚见面的那一刻是如此，他还亲手给李白调制美食。

李白才华的故事演变到巅峰，居然是为了让他做出好诗。在宫廷里，李白不仅有美酒伺候，更有皇帝身边的宠臣高力士亲自为他脱鞋。更可以把一个文人的虚荣推向巅峰的故事是——玄宗的挚爱，四大美人之一的杨玉环杨贵妃亲自给李白磨墨。历史的真实场景已经难以再现，但李白确实为杨贵妃写出了千古名篇《清平调》三首。

云想衣裳花想容，春风拂槛露华浓。
若非群玉山头见，会向瑶台月下逢。

一枝秾艳露凝香，云雨巫山枉断肠。
借问汉宫谁得似，可怜飞燕倚新妆。

名花倾国两相欢，长得君王带笑看。
解释春风无限恨，沉香亭北倚阑干。

“答蕃书”这个故事合理之处在于，它贴合了李白的身世背景。在外语能力上李白应该强过当时绝大多数文人，因为李白并不是一个纯粹意义的中原人，他的祖上因为犯罪而被流放到西域数十年，所以李白出生在碎叶城（在今天的吉尔吉斯斯坦），5岁的时候才随家人迁到今天的四川。隋唐时，碎叶是丝绸之路的干线交汇之处，南来北往的商人都要汇聚到这里，东西文明就在此碰撞。早在李白出生之前，玄奘取经时也走过了碎叶城。

这种家族的印迹不可避免地对李白造成了深深的影响，也为他注入了游牧民族的彪悍、狂放和大漠一般天高地阔的气势。所以，你可以在李白诗中读到这样的气势：开也好，合也罢，都要把人的气度推到日常视野之外，而挣脱凡尘的束缚展开想象力的翅膀去往无限的“天”。这“天”，纵然万里之高也不足以形容其开合的气势，无边无际，没有局限：

- 君不见，黄河之水天上来，奔流到海不复回。
- 飞流直下三千尺，疑是银河落九天。
- 蜀道之难，难于上青天。

天地之大，并不是要衬托人的渺小，相反是让人无拘无束，跨越日常限制的想象空间。

心情好时，纵然远隔千山万水，要轻描淡写地跨越过去也不是问题，所谓：两岸猿声啼不住，轻舟已过万重山。心情不好时，明月也可以变成托付心事的信使，所谓：我寄愁心与明月，随君直到夜郎西。还可以在孤独寂寞时邀明月来做伴，所谓：花间一壶酒，独酌无相亲。举杯邀明月，对影成三人。

回到人生道路上来，每个人都有成材成功的可能性，所谓：天生我材必有用，千金散尽还复来。如果运气好，抓住了大好势头，真的可以做到一鸣惊人，所谓：大鹏一日同风起，扶摇直上九万里。如果没有好的运气和机会，那大不了做个隐士吧，所谓：抽刀断水水更流，举杯消愁愁更愁。人生在世不称意，明朝散发弄扁舟。绝不会因不得意、不得志而轻视自己，所谓：仰天大笑出门去，我辈岂是蓬蒿人。

许多人对李白的欣赏，与其说是对他文学才华的欣赏，倒不如说是对他这种无拘无束，不甘认命，保持自我的精神的欣赏。据传，在唐天宝三年（公元744年），李白和杜甫、高适在梁园相遇（今天河南商丘一带）。和“诗圣”杜甫相遇，再加上一个“边塞诗人”高适，这让李白兴致高昂，趁着酒兴，他提笔在一面白墙上写下了一首诗。

这还不是故事的高潮，真正的高潮是在三位诗人的酒席散后，正好前朝宰相宗楚客的孙女宗煜路过这里，偶然看见了墙上这笔法不凡的诗作，细读之下，大为感动，竟然掏出一千两银子买下了这面墙。这个壮举一下成为轰动的新闻，年近半百的李白想也没想到能遇到这样的名媛知己，自然动了心，最后和宗小姐结成秦晋之好。

这首打动宗小姐芳心的诗正是《梁园吟》：

我浮黄河去京阙，挂席欲进波连山。

天长水阔厌远涉，访古始及平台间。

平台为客忧思多，对酒遂作梁园歌。

却忆蓬池阮公咏，因吟“渌水扬洪波”。

洪波浩荡迷旧国，路远西归安可得！

人生达命岂暇愁，且饮美酒登高楼。

平头奴子摇大扇，五月不热疑清秋。

玉盘杨梅为君设，吴盐如花皎白雪。

持盐把酒但饮之，莫学夷齐事高洁。

昔人豪贵信陵君，今人耕种信陵坟。

荒城虚照碧山月，古木尽入苍梧云。

梁王宫阙今安在？枚马先归不相待。

舞影歌声散渌池，空馀汴水东流海。

沉吟此事泪满衣，黄金买醉未能归。

连呼五白行六博，分曹赌酒酣驰晖。

歌且谣，意方远，

东山高卧时起来，欲济苍生未应晚。

写下《梁园吟》时，距离唐玄宗接见李白，亲自为他调制美食已经过去两三年了，生性浪漫自由的李白，终究没能融入钩心斗角的宫廷。走到梁园，回首长安，李白心里还是有些不甘，期待能有东山再起的机会，他总是幻想自己能当官，如果天生他李白必有用，他就应该在天地这个大舞台上有一番事业。所谓东山高卧时起来，欲济苍生未应晚。

但这位浪漫的诗人终究没有获得“济苍生”的机会，经历了安史之乱的大唐也开始由盛走衰，连昔日为他磨墨的杨贵妃，也不得不在马嵬坡兵变中自缢身亡。

在人生的最后，李白这样为自己撰写墓志铭：

临路歌

大鹏飞兮振八裔，中天摧兮力不济。

馀风激兮万世，游扶桑兮挂石袂。

后人得之传此，仲尼亡兮谁为出涕？

对李白来说，就算走到人生尽头，天仍然是那样高远，他还是那只展翅高飞的大鹏。不过，体力已经渐渐不支，饶是如此，余风也能激励万世。昔日孔子为被误杀的麒麟而哀伤，不知道还有没有这样的圣贤会为我李白伤心！

海上丝绸之路

丝绸之路其实不仅包括陆路，也包括海路。

早在西汉时期，通过陆上丝绸之路的开辟，汉王朝对世界的认知已经远至西方的古罗马。对世界认知范围的扩大，推动了汉王朝探索世界的雄心。汉武帝曾经接受张骞的建议，试图开辟经由四川、云南、缅甸，直至印度的“蜀身毒道”，但这个计划最终没有实现，因为陆上商道的开拓受到太多的限制。各地复杂的地形，防不胜防的强盗匪徒，各自为政的统治者和林立的关卡都成为陆地通商的极大障碍，于是开辟海上航线顺理成章成为更好的选择。

汉武帝在统一了东南沿海后，积极推动南海航线的开拓。经过反复的探索，一条远至印度洋的航线被开辟出来。这条航线从今天的广东省徐闻县和广西壮族自治区合浦县出发，绕过马六甲海峡，最远到达了今天的斯里兰卡。

《汉书·地理志》对这条航线做了详尽的描述，其中记载了沿途经过的国家、地区以及每段航程所用的时间。汉书的记载中也提到，中国的航船通过这条航线为沿途各国带去了很多珍贵的货品，尤其是各类丝绸织物，因此中国的来客大受欢迎，贸易很容易就得到推进。这条航线也成为中国有史以来记载的第一条印度洋航线。

正是基于西汉开拓印度洋航线取得的成果，东汉进一步建立了东西方海上交通大动脉。《后汉书》记载："和帝永元九年，都护班超遣甘英使大秦，抵支条。"和帝永元九年，也就是公元 97 年，在这一年，班超派遣甘英率船队经南海向西航行，前往丝绸之路的西方尽头——大秦，也就是古罗马。

甘英的船队最远到达了波斯湾海域，他们原本计划继续西行，绕阿拉伯海和红海进入大秦。但当时伊朗高原古国安息的航海家描绘了西去航路的艰险，航程时间也难以预测。甘英听后改变了原来的航海计划。

虽然没有到达原定目的地大秦，但甘英船队此行已经是"穷临西海"，将西汉开辟的印度洋航线又进一步推进到阿拉伯海，并且探知了通达大秦的航线。《后汉书 · 西域传》和《魏略 · 西戎传》等古籍，都对大秦做了记录。经由南海，连通东西方的海上交通大动脉早在汉代就已形成，中国为推进人类的航海事业和全球贸易交流率先做出了可贵的探索。

中国的大航海时代兴盛于明代。郑和七下西洋的故事在今天已经家喻户晓。从 1405 年到 1433 年，郑和率船队七下西洋，每次船队规模都很庞大，仅在 1405 年的航程中，船队人数就超过了 27 000，组队的大小船只超过 200 艘。七次远航历经 30 多个国家和地区，经由南海、印度洋，最远到达东非。

郑和船队实现如此大规模的远洋航行，集中体现了中国当时领先世界的造船技术、航海科技和海洋知识。

造出牢固坚实的大船是远洋航海成功的前提。宝船是郑和船队里的主要船舶，根据郑和船队人员马欢所著的《瀛涯胜览》记载推算，大型的宝船长约为150米，宽约为60米，而中型的宝船长约为130米，宽约为50米。

根据南京市文物管理部门的报告，宝船厂遗址出土的各类造船构件中，曾于1957年和2004年分别发现过长达11.07米和10.1米的巨型舵杆，而出土地的船坞实测长达500米，宽达41米。

1985年，集美航专、大连海运学院和武汉水运工程学院合作复原宝船，最终算出最大号的宝船满载排水量到达22 848吨，载重量到达9 824吨。相比之下，西方的木质帆船的排水量几乎没有超过10 000吨的，由此可见中国古代造船技术的高超。

有了坚固的航船，远洋航行还需要有出色的航海技术支持。在六下西洋后，综合郑和船队之前的历次西洋航程，一幅《自宝船厂开船从龙江关出水直抵外国诸番图》得以绘制出来，后世简称它为《郑和航海图》，这也是中国第一幅亚非远洋航海图。其中包括了20页航海地图、109条针路航线、30多个国家和地区的530多个地名和4幅过洋牵星图，其中最远标注的地名已经达到非洲东岸。

《郑和航海图》成为航线选择的重要参考依据。不过郑和船队会更加灵活地依据季风和海流实时调整航线。当时的郑和船队不仅能熟练应用东北季风出航，以及西南季风回航，还掌握了修正季风、海流压差的技术，以保证船队根据实时情况安全地向既定目的地航行。

《郑和航海图》记录了多种方法为船舶定位和寻找航向。其中以指南针标明方向的航线被称为针路，在白天，郑和的船队主要依靠指南针来辨别航向，到了晚上，他们不仅依靠水罗盘，还会通过观测星辰来判别航向。此外，沿途所见的如岛屿、礁石等地理景观也成为重要的参考。甚至测量的水深，对照海底捞上来的泥质，也都成为船舶定位的依据。

这一时期涌现出许多记载南海航行和各国风土人情的著作。《星槎胜览》的作者费信和《瀛涯胜览》的作者马欢都曾多次随郑和下西洋，巩珍所著的《西洋番国志》则记录了郑和第七次下西洋的经过。今天，马欢和费信的名字还是南海岛礁的名字。此外，明代顾岕的《海槎余录》、黄衷的《海语》等书，对南海航行、岛礁分布及地理特征都有详细的描述。

到了明朝中晚期，在印度洋航线之外，大帆船贸易推动了太平洋航线的兴起，将中国与美洲连接起来。1565 年到 1815 年的大帆船贸易深深打上了中国的烙印。从菲律宾马尼拉开往阿卡普尔科的大帆船在大多数年代都被称为“中国之船”，这是因为来自中国的生丝和丝织品在大帆船贸易中占有举足轻重的价值。

今天拥有 170 多万人口，被称为“亚洲纽约”的菲律宾首都马尼拉，正是在大帆船时代崛起的城市。16 世纪晚期西班牙人入侵菲律宾，占领了马尼拉，以此为据点推动大帆船贸易。历史学家卡耶塔诺·阿尔卡萨尔·莫利纳在他的著作《十八世纪的总督辖区》中谈到，得益于来自中国的名贵商品，马尼拉逐步崛起，媲美欧洲任何集市，并将新、旧两个世界连接起来。

大帆船贸易连接到了大洋那一头的南美洲，继而是欧洲（后文我们会看到正是麦哲伦靠着执着和运气开拓了这一航线）。

阿卡普尔科是墨西哥最热闹的海滨城市之一。它位于墨西哥南部太平洋沿岸，是墨西哥格雷洛州最大的城市。那里风景如画、气候宜人，是全球旅游胜地和很多新人的蜜月天堂。

阿卡普尔科始建于16世纪，最早只是一个封闭贫穷的小村庄。从1565年开始的大帆船贸易直接推动了这座城市的兴起。来自中国的丝绸、香料和各种贵重的商品，经由南海再通过菲律宾转运，横跨浩瀚的太平洋到达阿卡普尔科，再从阿卡普尔科出发转运到墨西哥城、秘鲁等地。许多商品还跨越美洲，运送到大西洋彼岸的西班牙。

阿卡普尔科与墨西哥城相距近400公里。在陆地交通并不发达的古代，这条路充满了艰难险阻，但由于从事中国商品的贸易可以赚取高额利润，因此从阿卡普尔科到墨西哥城的商路一直非常兴盛，这段商路也一度被称为“中国大道”。

事实上，1565年到1815年的大帆船贸易深深打上了中国的烙印。从菲律宾马尼拉开往阿卡普尔科的大帆船在大多数年代都被称为“丝船”，这是因为来自中国的生丝和丝织品在大帆船贸易中具有举足轻重的地位。

在西班牙人最早到达马尼拉的时候，当地才不过2 000多人。直到进入大帆船贸易时代，马尼拉才逐渐成为重要的商业中心，中国的货物从南海航线运送到马尼拉，再从马尼拉转运到美洲。到17世纪中叶，马尼拉的人口已经剧增到4万余人，其中超过1/3是华人。在大帆船贸易历经的两个半世纪中，马尼拉最终发展成为推动亚洲和美洲贸易的中心。

热衷于中国丝绸和瓷器的欧洲国家并非只有西班牙，葡萄牙人早在16世纪初期就到达了广东。在很长一段时间里，中国人误把葡萄牙人当作马来半岛上的一个部族。葡萄牙人没有和中国人较真他们究竟来自何方，而是不断扩大和中国的贸易，开拓了从澳门到泰国、转过马六甲海峡到达印度，最后直至葡萄牙里斯本的航线。葡萄牙人还开拓了澳门到长崎的航线，做起了中国和日本之间的生意，用从日本赚来的白银购买更多的中国货物运回葡萄牙。而澳门因此逐渐控制在葡萄牙人手里 4 个多世纪之久，直到 1999 年才回归中国。

大帆船贸易将中国的丝绸、瓷器和其他特色产品源源不断地送到美洲和欧洲，也将美洲特产的玉米、烟草和番薯等作物引入中国。继印度洋航线之后，经由南海更加漫长的太平洋航线成功开拓，将东西方文明更加紧密地联系在一起，这也推动本已经忙碌的南海航线从此更加繁盛，中国向世界敞开了更加博大的怀抱。

纸币和大宋帝国的命运

宋朝开国皇帝赵匡胤有不少轶事，其中一个传说，讲的是赵匡胤早年不走运的时候，有次饥渴难耐走到一个瓜田，想吃西瓜。瓜农开价是低得不能再低的一文钱，但赵匡胤当时窘迫得这一文钱都摸不出来。这就是“一文钱难倒英雄”的典故，任你是什么豪杰英雄，没钱寸步难行。

所以，讨论激情，就绕不开钱这个话题，或者更根本一些，绕不开商业的话题，在进入文艺复兴艺术、商业和科技的融合前，我们先来聊聊有关“钱”的一个经典故事。

公元993年，癸巳年，大宋立国刚刚33年。就在这一年年初，四川茶农王小波（王小波牺牲后是李顺执掌大旗）发动起义，起义的原因很简单：遭了旱灾，老百姓的日子过不下去了。

四川自来有“天府之国”的美称，物产相当丰富（这里为了讲着方便，我们就不再纠结古代地名和今天地名各种拗口的对应关系，统一称为四川）。

昔日刘备三顾茅庐去请诸葛亮，诸葛亮在《隆中对》中就提出，刘备将来应该把四川这样富饶的地方据为大本营，这样就会有安身立命的根本。刘备觉得太有道理了，所以一定要请诸葛亮出山相助。

四川物产这么丰富，按理说一场旱灾不足以让王小波、李顺这样老实巴交的茶农走上造反的道路，所以其中肯定有其他的人为因素。

宋太祖灭了后蜀之后，纵容他的子孙后代在四川劫掠财富。不仅如此，四川出产的茶叶、丝帛等都被官府垄断经营，这就进一步挤压了王小波、李顺这样的茶农生存的空间，于是一场旱灾就把他们逼上了造反的道路。王小波拉开大旗，喊出了一个响亮的口号："吾疾贫富不均，今为汝均之。"大概意思是：你看看现在贫富差距多大啊，让人痛恨，现在让我们来把这差距给消灭掉吧。

那时的大宋开国不久，即使按照人的年龄计算也不过才是而立之年，新政权生命力旺盛，这场区域性的小起义毫无悬念地被镇压了。不过，谁也没有想到，就是这场区域性的小起义推动了人类金融史上的一次大创新——纸币的诞生。

宋代使用的主要货币是铜币，白银以及价值较低的铁币。这些金属货币最大的问题就是使用起来极其不方便。据史书记载，当时购买一匹丝绸，使用的铁钱竟然重达上百斤，一个人拿不动，还得找辆马车拉着去。零售就这么麻烦了，大宗货物交易，尤其大宗货物的远程交易遇到的麻烦可想而知。

对四川这样物产丰富、贸易发达的地方来说，使用铜钱铁钱十分不便，这种不便极大地降低了贸易的效率，时不时就会闹"钱荒"，简直成了经济发展的绊脚石。

当时四川好几个地方都承载“铸钱”的职责，用今天的话来说就是印钞造币的地方。因为受王小波、李顺起义的影响，很多地方“铸钱”的工作都停了下来。这一停不要紧，“钱荒”闹得就更厉害了。也不要想着从外面运钱进来，蜀道之难，难于上青天，把金属货币运进四川的成本实在是太高昂了。

钱荒归钱荒，日子总是要过的，生意总是要做的。逼得没办法，人们开始私下使用纸质的货币——交子。

其实金属货币使用不便，贸易一发达就容易闹“钱荒”，这是个历史性难题，为了解决这个历史性难题，历代人民都在不懈地进行创新。

早在唐代就出现了纸质的“飞钱”。“飞钱”虽然叫钱，但不是真正的货币，它只相当于今天的银行汇票。或者说，唐代的人不可以拿着飞钱到市场上买东西，飞钱的出现只是为了解决大富豪出行带很多钱不方便的问题。你在甲地把钱存进去，拿到半联凭证，另外半联会由存钱的机构送到乙地，到了乙地你再把你这半联和送到的半联对上，缴纳手续费，就可以取钱了，这就是“飞钱”。再次强调，“飞钱”是不能拿到市场上当钱花的，所以不是货币。

但交子不同，它是真正的货币，不仅可以履行“飞钱”汇兑的职责，更可以拿到市场上进行交易。

早期的交子由一些有实力、有信誉的商家发行，他们往往在各地设比较多的分号，做的买卖多是人们经常购买、有刚需的物品，用今天的话说就是高频有刚需的应用场景，这就构成了交子的现实基础，或者说金融产品的实业基础。

使用交子交易，尤其是在大宗交易时交子的优越性十分明显。交子本来就有了一定的应用场景和群众基础，王小波、李顺的起义让铜钱、铁钱的供应更加紧张，这时交子顺理成章地登上了历史舞台。虽然当时交子还不是官方货币，但形势所逼，越来越多的人接受了交子作为货币的事实。

交子出现的初期，是为了解决铁钱使用不方便、阻碍交易的问题，这对所有人来说这是无可厚非的。不过发行交子的商家慢慢发现了一个惊天秘密：人们把铁钱存进来换交子，虽然将来他们会把交子换回铁钱，但是一般情况下他们不会同一天来兑钱。这意味着什么？意味着不用把所有人的铁钱全都放在库里等着人来换，而只需要准备一小部分铁钱，就足以应对人们日常把交子换回铁钱的需求。换句话说，剩下的铁钱就可以用来买房买地挪作他用了。

商人们大喜过望，他们不再被动地等着人们来存铁钱然后开出对应额度的交子，他们开始主动发行有统一面额和格式的交子，投入市场流通。是的，别人用他们的交子越多，相当于他们可动用的钱财量越大。这实质是什么？这其实就是私发货币。金融造就的贪婪已经初露嘴脸。

王小波、李顺的起义平息之后，朝廷出台了一个很奇怪的条文——去四川做官的人不许携带家眷。

这让当时跟着平定叛乱的功臣张咏（时任益州知州）去四川上任的人犯了难。所谓“少不入川”，四川不但好吃的多，美女也不少，朝廷不让带家眷，想要到四川本地纳妾、买婢女又不敢，他们很怕严厉的张大人发脾气。

要知道，张咏这个人黑起脸来是六亲不认的。当初他在崇阳做县令的时候，有一次看到一个小吏从库房里出来，头巾上有一枚铜钱。张咏马上问他钱从哪儿来的？小吏不敢撒谎，说这是库房里的钱。

张咏大怒，就对这个小吏动杖刑。小吏很不服气地喊："一枚铜钱而已，有什么了不起！你敢杖责我，难道你还敢斩了我不成？"

挨打认错就算了，何必求嘴上痛快呢。张咏拿过笔来写下判书：一天偷一枚钱，一千天就是一千钱。所谓绳锯木断，水滴石穿。然后就自己拔剑斩了这个小吏，后来还上书自我弹劾。

一枚铜钱就这么认真，男女之事要犯了错那还得了！跟着张咏的人想到这些就不禁脖子发凉。没想到张咏先生自己倒先买了几个美女做侍妾。属下一看有了榜样，胆儿就大了，也开始纳妾买婢女。

四年后张咏被召回京，临走时遣散了侍妾，让她们嫁了好人家，这些所谓的侍妾改嫁时居然都还是处女。

原来当初张咏体谅下属，做了一个无言的变通。张咏是一个懂得人性、尊重人性、懂得变通的人！

前文我们说过，交子一方面提高了交易的便利程度，推动了经济的发展；另一方面也催生了人性的贪婪，造成了混乱。

张咏没有因为交子造成的乱局而把交子一棍子打死，作为四川的父母官，他十分了解四川当地的实际情况。张咏肯定了使用交子的好处，因此他要着手改革，扬长避短地利用交子。

北宋景德年间（1004—1007年）张咏采用市场准入的方式，对交子铺进行了彻底的整顿，只允许16户有实力、有信誉的店铺继续经营，这就相当于官府颁发了“牌照”，首次从官方层面认可了交子，这也意味着交子的身份从此升了一级。张咏也因此被誉为“纸币之父”。

公元 1023 年，即宋仁宗天圣元年，朝廷下旨设立“益州交子务”，开始正式发行交子——世界上官方层面正式发行的第一种纸币。你没猜错，这件事又是针对四川。

这道具有历史意义的圣旨，可不是当时在位的宋仁宗本人的主意，那时他才 13 岁，即位不久或者说年幼无知的他什么都要听他“所谓的老娘”刘娥的主意。

为什么叫“所谓的老娘”呢？

《三侠五义》里面有一个著名的文学故事《狸猫换太子》，把刘娥描绘为可恶的坏人，因为害怕皇上宠幸的李妃的儿子将来继位，所以用狸猫调换了李妃所生的婴儿。在故事中刘娥自己的孩子夭折，最终还是李妃的孩子坐上皇位，也就是宋仁宗。

这个故事的虚实并不是我们这里考察的重点，但刘娥这个女子的一生确实极具传奇色彩。

刘娥身世坎坷，她家祖籍太原，后来举家迁到了成都。刘娥出生后不久就父母双亡，从小寄人篱下。因为有些姿色，刘娥长大就成了歌女，嫁给了一个银匠，她随丈夫来到当时的京师（即东京汴梁）以卖唱为生。

在这里她完成了灰姑娘的逆袭，遇到了当时还只是韩王的赵恒。出入风月场所的赵恒对刘娥一见倾心，虽然他和刘娥的爱情遭到他父亲宋太宗的反对，但赵恒始终与刘娥保持来往。

苦日子终于熬到头儿，宋太宗驾崩，赵恒继位，即宋真宗。

没有老爸指手画脚，赵恒欢天喜地地把刘娥接入宫中。初入皇宫的刘娥并没有名分，但她很隐忍，熬了15年之久终于被册封为皇后。这样还有很多人反对她上位，据说当时的翰林学士杨亿当着宋真宗的面拒绝起草册封刘娥为皇后的诏书。无论大臣们怎么反对，刘娥最终还是上位了。

对赵恒来说，刘娥不仅是红颜知己，还是个得力的助手。每次赵恒批阅奏章到深夜，刘娥都会伴其左右，渐渐地她也会参与其中并帮忙处理政事，而深得宋真宗的器重。所以在宋真宗驾崩，宋仁宗这个当时的毛孩子继位之后，真正执掌大权的实际是刘娥。

这时，一个关于刘娥第二故乡，即四川的敏感论题就摆在了眼前——如何处理交子？

张咏毕竟没能永远做益州知府，后来的继任者也不是都支持交子。事实上张咏的继任者干脆就把交子禁止了，理由很简单——交子不可避免地会造成混乱。

关于是否恢复交子，刘娥义无反顾地投了赞成票，只是这一次交子要由朝廷来发行，而不让民间染指。交子也由此成为世界历史上最早由政府发行的纸币，身份从此与众不同，再不是私藏民间的“草根”了！

不知道刘娥这个决定是推进了宋朝的经济发展，还是放纵了朝廷的贪欲。

小商人都能发现发行交子带来的“好处”，大朝廷岂会不明白其中的奥妙？纸币不但携带方便，制作起来也很方便，当时的雕版印刷技术已经很发达，朝廷想要有钱随时有，想要多少有多少，想把交子运到哪里就运到哪里。这些都是金属货币难以做到的。

朝廷缺乏一个远见卓识的经济学家来执掌货币政策，于是不可避免地陷入了经济危机——通货膨胀。尤其是宋朝在不停地和入侵者打仗，这样一来，朝廷更是肆无忌惮地发行交子，开始还是为了支持战争前线队伍，后来发现使用交子聚敛财富的方式比其他方式来得更快，于是交子渐渐地演变成朝廷掠夺民财的工具。

因此交子的信用值越来越低，身价一落千丈。在老百姓中间，交子从昔日方便交易、受欢迎的工具，变成了掠夺财物、避之唯恐不及的强盗。痛定思痛，朝廷决定对交子进行改革。别误会！朝廷可不是想控制通货膨胀，恢复交子的信用，他们也不具备相应的能力和专业知识。他们只是想，纸币可是好工具啊，怎样才能用它继续掠夺民财呢？

最后，他们想到了一个好办法——给纸币改名，不叫“交子”了，叫“钱引”。听起来不错，好像叫了这个名字就能把钱引来一样。这其实就是朝廷的本意：把钱引到朝廷的钱库里。至于老百姓能不能理解其中的深意，就不得而知了。

宋徽宗大观元年（1107年），朝廷正式把“交子”更名为“钱引”，把“交子务”更名为“钱引务”。

除了改名，钱引和交子究竟有什么不同呢？最大的不同就是：钱引不设兑换的准备金，当然就不允许兑换，朝廷可以随意增发。这就是最大的不同：可以厚颜无耻地掠夺民财。所以造成的后果也就可想而知了。

我们看看接下来在宋徽宗的有生之年发生了什么？

宋江起义，于是有了传说中的水泊梁山108好汉，方腊起义，金军南下攻城夺池，掳走了宋徽宗和他的儿子宋钦宗，是为“靖康之耻”。

不好说这究竟是不是纸币惹的祸，但纸币的出现毕竟掀开了人类文明进步的新篇章，到了元朝，马可·波罗在他的游记里介绍了中国纸币的制作和发行情况，让欧洲了解到纸币的特色，推动了之后欧洲的金融革新。

钱与陌生人的合作

1973年，斯坦福大学教授马克·格兰诺维特写了一篇题为《弱关系的力量》的论文，没有想到的是，这篇论文投稿时屡屡被拒，几经周折才在《美国社会学期刊》上发表。

像很多学术论文一样，这篇论文先是沉寂了很多年。随后互联网兴起，尤其是社交媒体兴起后，这篇论文突然备受关注，很多文章都开始引用这篇论文的观点。

猛然之间，《弱关系的力量》一度成为被引用次数最多的社会学论文。那么它讲述的到底是什么呢?

马克·格兰诺维特研究发现，人与人的关系分为强关系和弱关系。

什么是强关系?我们与爱人、父母、子女的关系就是强关系。什么是弱关系?很多年不见的老同事、老邻居和我们的关系就是弱关系。

马克·格兰诺维特进一步研究发现，强关系和弱关系对我们来说意义不尽相同。强关系带给我们情感和价值的认同，我们需要家庭的温暖，也需要亲人的关怀。但是，有经济价值的信息和机会往往来自弱关系，在生活中最常见的例子就是我们找到的好工作往往出自前同事的推荐。

马克·格兰诺维特的理论揭示了一个奥秘：人类的协作不能只停留在强关系上，而要跨越到弱关系中，这样才能创造更大的经济价值。

20 世纪 90 年代，英国人类学家罗宾·邓巴就人的社交研究提出了著名的“邓巴数”。按照罗宾·邓巴的发现，人类智力允许一个人在生活中能维持的社交网络人数平均下来大概为 150 人。也就是说，每个人的熟人关系数量是有上限的，不可能无限制增加，维持熟人关系需要成本，而人在时间和精力等方面毕竟有限。

把这些理论和我们前文聊到的协作的重要性综合起来看，就可以看出一些人类协作进化的奥妙。

前文提到过，现代人的祖先智人之所以能在各种古人种中胜出，称霸地球，核心原因就在于智人懂得协作。

但人类早期的协作主要是在熟人之间展开，最常见的是以家庭为单位，继而是以部落为单位。为什么人类早期的协作形式是熟人协作？原因就在于熟人之间存在信任。

信任，我们再次谈到了信任。为什么信任这么重要？

因为协作涉及产出的利益分配。如果人们彼此不信任，不相信自己如果参与协作最终会得到期望的利益，协作显然是推进不下去的。

熟人的好处就在于彼此之间有长久的信任，所以协作最早很容易在熟人关系里实现。但如果协作只是在熟人之间展开，按照“邓巴数”进行，就意味着协作的规模很小。150 人，也就仅仅凑合出一个小作坊，想要修长城、修金字塔，那都是不可能的。所以，文明发展到一定程度，不可避免地要从熟人协作走向陌生人协作。

实现这一步跨越的关键在于什么？答案是钱。

钱可以让陌生人和陌生人，甚至是仇敌携起手来，是推进协作最好的催化剂。相较于其他利益分配形式，比如实物分配，钱为什么会有如此大的优势和魔力呢？关键在于理解成本。

我们讲到语言时说过，语言是一种公用的工具，使用语言的人组成了一个很大的网络。所以语言必须照顾到这个网络里理解能力最差的那群人，因为只有他们也能理解和运用语言，语言作为一种公用的工具才能真正地通行无阻。钱与语言类似，在所有利益分配形式中，钱的理解成本是最低的，而且可以量化，利益多少一目了然。

因此，要用钱推动陌生人的协作，大家都非常容易理解自己究竟能得到多少好处。如果采用其他利益分配的形式，比如分配实物，你理解的一只羊的价值和他理解的一只羊的价值往往有差别，碰到分配古董文物之类的，理解差别就更大了，更难以达成共识。

如果一开始利益分配方案的理解成本太高，参与协作的人很难达成一致，协作就很难推动下去。

所以，我们在聊宋代纸币时似乎是在数落它的不是，其实必须肯定纸币绝对是一个很大的进步，货币的进化一定是对协作的推进。只是人类对这些新鲜事物本质的认识常常滞后于现实，而它们又容易刺激人的贪欲，所以社会才表现出那么多的乱象。

600 年前始：从世界的尽头到无尽的未来

东方香料梦

公元 408 年，西哥特人首领亚拉里克一世率领军队进攻罗马城。

面对劲敌，西罗马帝国皇帝霍诺留斯做了个不太明智的决定，他听信谣言，下令处决战功卓越的军队统帅斯提里克全家，罪名是斯提里克与亚拉里克一世秘密结盟。

这也就罢了，昏了头的霍诺留斯还煽动罗马人，惨绝人寰地屠杀正在罗马军队里服役的哥特士兵的妻儿，成千上万人因此丧命。这让数万哥特士兵难掩心中的怒火，加入了亚拉里克一世的队伍，最终罗马城有些架不住疯狂的进攻者，他们派出使者去跟亚拉里克一世谈判。

亚拉里克一世开出了极为苛刻的条件，罗马来的使者感到很为难，不禁小心地问道：那你还可以给罗马人留点儿什么呢？

亚拉里克一世冷冷地回答：他们的狗命。

最终罗马人给了亚拉里克一世 5 000 磅黄金、3 万块银币、4 000 件丝袍、3 000 块红布和 3 000 磅胡椒，这才解了围。

黄金、银币，我们都很好理解，自古以来这些都是贵重物品。

但为什么亚拉里克一世会特别索要3 000磅胡椒呢？这不是如今随处可见的便宜货吗？

你可别小看胡椒，在古代的欧洲，这可是价值连城的香料。我们都知道，欧洲人以肉食为主，当时可以用于食物调味的香料少得可怜，而延缓肉食腐烂的冰箱还没有面世，因此胡椒等香料价值连城。它们可以用来调味，可以延缓肉食的腐烂，此外还有催情或者调节居所气味等用途。

当时胡椒、肉桂等香料只有印度、印度尼西亚等东方国家出产，途经阿拉伯国家，在经过漫长的贩运路途到达欧洲时，它们已经是价值连城。今天在我们看来廉价的胡椒，在古罗马它的价值则可与黄金比肩。

物以稀为贵，各种东方运送来的货物，包括胡椒、肉桂、肉豆蔻、丝绸、瓷器等，经历漫长的贩运路途后无不价格飞涨。

陆地上的中间商们垄断了这些贸易，他们添油加醋地渲染这些东方货物的价值。

比如肉桂，传说一种神鸟用肉桂来筑巢，当地的居民为了取得肉桂，宰杀牲畜，放在神鸟的鸟巢下。神鸟下来把宰杀好的牲畜叼到窝里，鸟窝因承受不住重量而坍塌，肉桂就掉落到地面上，趁着神鸟还没有来得及进攻，居民就赶快捡起肉桂逃走。

再比如胡椒，据说它被毒蛇守护，收获的季节要在盛产胡椒的地方放火吓跑毒蛇，然后趁毒蛇没来得及赶回来复仇时及时采摘胡椒，所以胡椒来之不易。

这些无根据的传说渲染了获取香料的危险，实际上只是为了增加香料等东方货物的神秘性，抬高价格。在许多个世纪里，都是由阿拉伯和亚洲的一些陆地国家架起东方和欧洲贸易的桥梁，当然，它们也从中获取了巨额财富。

聪明的欧洲人当然意识到了这种财富游戏背后的奥妙，高额的利润让他们热血沸腾，也推动他们去寻找通达东方神秘国度的新路径。

开设陆路的成本极高，千里绵延的贸易之路，不知道要穿过多少国王、君主、土匪的领地，要交上多少金银财宝、赔上多少人的性命。

算一算，航海真是不错的选择。欧洲人把目光转向了大海，要在大海上开辟一条道路！

最后，回过头来顺带说下，亚拉里克一世三次围攻罗马城，这座"永恒之城"毁在了他的手里，这成为西罗马帝国衰落的标志性事件。

麦哲伦船队的环球之旅

地球是什么形状？这似乎是个简单得不能再简单的问题，小学生都能脱口而出：地球是球体。在我们很小的时候，就摆弄过地球仪，也看过从太空传回来的地球的照片，所以不难得知地球是个球体这个事实。但你要注意，这些都是间接的知识，如果不借助现代科技，仅凭借个人经验，人类是难以正确洞察地球的形状。

只依靠个人的视线和双脚去探索，地球就显得太大了。

在文明发展的初期，很多人也曾好奇地球的形状。那时非常流行天堂的神话，很多民族的神话都描绘过天堂的模样，虽然口口相传让很多人确信不疑——天堂一定存在，却从来没人真的站到天堂，如果那样他们完全可以一眼看到地球并得出正确的结论。所以古时候关于地球的样子，就难免众说纷纭，比如中国人就曾认为天圆地方，而印度人甚至认为是巨大的神兽托起了大地，各种猜测无不充满奇思怪想。也有一些古人通过细致的观察和认真的思考，得到了正确的答案。例如，古希腊人就曾正确推断——地球是圆的。因为有些古希腊人观察到，如果在大海上眺望远方归来的航船，先看到的往往是高高的桅杆，而后才看到船身，这显然是因为地球表面存在弧度，据此推论，地球就是圆的。好聪明的古希腊人！

但这毕竟是推测，地球究竟是不是球体？如果朝着一个方向一直走下去，能不能回到起点？要从实践上证明这件事，一直要等到16世纪麦哲伦的探险。

早在环球航海之前，麦哲伦就到达过东方，他在印度等地服过役，拥有非常丰富的航海经验，并且他对东方有充分的了解。

这要感谢达伽马和弗朗西斯科·谢兰等前辈开辟了东进航线。谢兰和麦哲伦保持着亲密的友谊，他率队穿过了马六甲，到达了传说中的香料群岛。谢兰把这里视为天堂，虽然香料群岛确实是很多欧洲人憧憬的“天堂”，在那里唾手可得的香料贩卖到欧洲就变成价格不菲的奢侈品，谢兰深深地爱上了这里的生活，于是他决定在这里度过余生，并赞不绝口地将这里“天堂的生活”写信告诉了他的朋友麦哲伦。

这让麦哲伦对开辟通往天堂生活的新航线很心动。“麦哲伦”

是个贵族称号，确切地说是个小贵族的称号，所以麦哲伦在葡萄牙地位并没有多高，他只是为了葡萄牙国王的利益出征的千万大军中的一员。虽然麦哲伦在不少战役中表现勇猛，但当已过而立之年的他回到葡萄牙时，并没有获得多少荣誉和财富。

麦哲伦不善言辞，甚至不苟言笑，阿谀奉承更不是他的长项，他异常冷静，留着长长的胡子，长相略显凶狠，这让麦哲伦并不讨人喜欢。35 岁的麦哲伦有非常强烈的改变命运的意识，他去拜见葡萄牙国王曼努埃尔，名义是恳请国王给他增加些抚恤金。

傲慢的曼努埃尔走运才登上王位，而且因为他的前任若昂二世的努力，葡萄牙进入了与东方贸易的全盛时期。前人栽树后人乘凉，曼努埃尔坐享其成，一切都来得太容易，他又怎么会重视麦哲伦呢？在曼努埃尔的眼里，麦哲伦就是一个可有可无的人。

曼努埃尔接见了麦哲伦，地点选在当初若昂二世接见哥伦布的房间。

多年前，若昂二世正是在这里听取了哥伦布的冒险计划，虽然若昂二世是个热衷支持开辟贸易航线的人，但不知怎么的，若昂二世觉得哥伦布很不靠谱，无情地拒绝了他，最终把哥伦布推入了西班牙的怀抱。

现在，历史又要重演。

麦哲伦提出的第一个要求丝毫不过分，只要求增加半个克鲁扎多。这一要求从经济角度来讲微乎其微，麦哲伦想争取的其实是自己的地位，但曼努埃尔冷冰冰地拒绝了麦哲伦，这让麦哲伦感到非常难堪，但他还是提出了第二个请求，能不能派他到海军部队中任职。因为他对东方航线的熟悉度恐怕不亚于当时在葡萄牙如日中天的达伽马。

这个要求又被国王冷冰冰地拒绝了，麦哲伦真是万念俱灰，转身正准备退出房间，但他转念一想，又向国王提了一个要求，可不可以到其他国家去服役。曼努埃尔终于点了头。于是麦哲伦步哥伦布后尘，去了西班牙。

麦哲伦给当时的西班牙国王查理五世陈述了他的大胆计划：从美洲出发一路向西，开辟出一条通往香料群岛的新航线。

之前哥伦布也是一路向西，发现了美洲新大陆，但西班牙短时间内并没有因为哥伦布的发现发大财。

麦哲伦则让查理五世相信，他知道一条秘密的航道，可以横亘过美洲，然后一路向西，到达天堂般的香料群岛。

今天我们知道，麦哲伦当时信心满满地认为他掌握的这条航道，其实从开始就是个错误，虽然之前做了很多论证并进行了“严密”的计算，但基本都是基于半真半假的传说和制图师自负的推算。后来麦哲伦差点儿还没绕过美洲就因为这些错误葬送性命。但当时西班牙宫廷也没有人能拿出严密的证据证明麦哲伦的想法就是错误的。

麦哲伦虽然不善于花言巧语，但他无疑有丰富的航海经验；对东方有相当的了解，讲起香料群岛也像是那么回事（谢兰的信显然有帮助）；他甚至带来了马鲁古群岛的奴隶恩里克，这是麦哲伦从东方买回来的奴隶，差不多算是香料之乡的人。

最后甚至当初反对哥伦布的人都给麦哲伦投了赞成票，这多少是因为哥伦布的成功让他们觉得自己不能再背负目光短浅的骂名。于是，查理五世决定支持这个葡萄牙人狂热的计划，甚至不顾葡萄牙国王的反对。曼努埃尔早些时候压根儿没把麦哲伦放在眼里，但一知道查理五世对麦哲伦青睐有加后，恨不得马上就把麦哲伦夺回来。

当西班牙国王调拨给麦哲伦的 5 艘大船停靠在塞维利亚内港时，大家的心都凉了半截。这几艘船又旧又破，和当初拨给哥伦布的船根本不能相提并论。

前来刺探情报的葡萄牙间谍在写回去的报告里都对此报以悲观的态度，他认为这样破破烂烂的船，不要说远航，让他坐上去到一个近的地方，他都不敢。间谍都这么想，其他人就更加悲观了。所以招募 200 多名船员的计划推进得非常艰难，一般的水手都不愿意冒这个险，船不够好，这大家都看见了，传言还说这是一次有去无回的冒险，连掌舵者都不知道船将驶向何方。

最后只有先预付酬金，才吸引来一群亡命之徒，勉强凑齐了队伍。

麦哲伦在检阅他的队伍时哭笑不得，这简直就是衣衫褴褛的乌合之众，说是丐帮大聚会，人们也不会多几分怀疑。他们来自不同的国度，说着不同的语言，恐怕惹是生非要比乘风破浪更擅长一些。

麦哲伦顾不了这么多了，他已经耗费了太多的时间和精力去与各个利益方周旋，如果要等到一切尽善尽美，宏伟的计划就会无限期搁浅。但麦哲伦也没有因此而冒失，他非常细心、也很有耐心地检查了 5 艘船上的每一块木板，及时修补了可能存在的缺陷；他购买并仔细核对了必需的物资，唯恐因为漏下一颗钉子就葬身在一望无际的大海里；他还满怀激情地训练了这支良莠不齐的队伍，让他们尽可能学会协作去应对漫长的海上生活的各种风险，并保持忠诚。

麦哲伦相信地球是圆的，按照计划一定可以找到突破美洲西进的航道，但作为一名经验丰富的航海家，他也知道此去凶多吉少，所以麦哲伦早早就写下了遗嘱，尽管财富还只是在憧憬中，麦哲伦就对此做了周全的分配。

麦哲伦设想，如果航行顺利，真的到了盛产香料的地方，那么他就能发大财，光宗耀祖，荫及子孙。但如果中途折戟沉沙，将来妻子儿女只好去教堂领救济品（麦哲伦不知道后来他的妻子孩子连领救济品的机会都没有）。

他详细地安排了自己的后事，包括死后期望的葬身之处和遗产的分配。

麦哲伦准备将遗产的相当一部分捐赠给教堂和医院，在遗嘱中，麦哲伦特意强调，从他死的那天起，他那马鲁古群岛的土著奴隶恩里克就可以获得自由，还要赐给他 1 000 马拉维第做生活费。

麦哲伦甚至安排了自己的葬礼：希望下葬的时候，把自己的衣服分给 3 个穷人。并要为这 3 个穷人和另外 12 个人分发食物，好让他们为自己的灵魂祷告。此外，麦哲伦还希望在下葬的那天捐出一枚金杜卡，以救赎炼狱中的灵魂。

遗嘱的最后，麦哲伦才提及自己的家人，他的关注重点不在于财富如何分配，而是作为贵族身份象征的“麦哲伦”这个名号将来如何继承，麦哲伦非常详尽地设想了儿子未来的各种婚恋情况，并为每种情况做好了规划。

写完遗嘱，麦哲伦签上大名，长长地出了口气，仿佛已拥有那些财富，就等着按他的意愿分配了。

麦哲伦不知道的是，虽然最终船队绕地球航行一圈，完成了人类千百年的梦想，但悲剧的是，作为个人，他的遗嘱基本一条都没实现！

现在，麦哲伦要和自己的家人告别了，他的妻子抱着刚刚出生不久的儿子，和老岳父来给他送行。看着妻子怀里的小婴儿，麦哲伦也不禁动容，妻子的眼泪夺眶而出，老岳父老泪纵横，紧紧握着麦哲伦的手，他把唯一的儿子也交给了麦哲伦，跟着他去远征。儿女情长，终有一别，麦哲伦深深地拥抱了妻子和儿子，转身强忍着泪水跑向了自己的船队。

1519年9月20日，麦哲伦领着“丐帮”一般的队伍，驾着5艘大破船，扬帆起航，开始了人类历史上一次富有开创意义的远航。

麦哲伦一生中收到的最后一封信来自他的老岳父，信中告诫他，随他出海的西班牙人可能会密谋叛乱。老岳父的提醒印证了麦哲伦心中的揣测，查理五世和西班牙宫廷没有给他足够的信任，在他周围安插了许多西班牙人担当要职，真正属于麦哲伦心腹的人屈指可数。不排除这些西班牙人甚至带着查理五世的秘密文件，说不定在哪个关键时刻就能拿出来要了麦哲伦的命。

所以，当麦哲伦整个计划中最核心的部分——在南纬40度存在一个横越美洲的海峡，被现实证明是一个错误时，找到西进的海峡的希望立刻破灭了，船上的人开始满腹牢骚，这种隐患就显露出来，最终演变成了一场叛乱。5艘船中，有3艘落入了叛乱者的手中，形势看起来非常不利。

但麦哲伦保持着一贯的沉着冷静，派小船以送信为名，奇袭了叛乱的船只，最终夺回了对船队的掌控权。麦哲伦没有大开杀戒，只是处死和处罚了几个带头叛乱的关键人物，对更多叛乱人员网开一面，在叛乱中有一个叫作卡诺的人被任命为“圣安东尼奥号”的指挥，麦哲伦宽恕了他。谁也没有想到，之后麦哲伦牺牲于菲律宾，正是这个叛乱者卡诺完成了麦哲伦未竟的伟大事业，带着剩下的人回到了西班牙。

那是后话了，重夺掌控权后麦哲伦还率领着团队在严寒的天气里寻找横越美洲大陆的通道。

话说回来，叛乱者造反不是没有道理的，当时没有任何迹象显示一定可以找到这条通道，麦哲伦个人顽固地坚持要冒着补给不足的风险驶进危机四伏的陌生海域。

在遭遇飓风时，麦哲伦暂时停下了脚步，他放出去了两条探路的船，现在焦虑地等着它们回来。但在恶劣的天气里，迟迟不见两条船的踪影，这让麦哲伦坐立不安，如果真的失去这两条船，他的整个计划会受到致命的打击。爬在桅杆顶上放哨的人发现远方有烟柱，这让麦哲伦深感不安，因为这里杳无人烟，烟柱只可能来自那两条船，而且多半不是好兆头，要么就是失火要沉没，要么就是遭遇意外发出的求救信号。

但事态发生了奇迹般的反转。

最终这两条船不仅回来了，还带来了极好的消息，他们确认已经找到通向美洲大陆西边海洋的海峡，所以才欣喜若狂、不惜浪费弹药发送信号——烟柱就是这么来的。

麦哲伦下令沿着这个海峡行进，周边岸上火星点点，这其实是原住民生起的篝火，但在麦哲伦看来，这就是欢迎他的仪仗队，随后他把这里命名为“火地岛”。

20 多天后，他们终于看到了另一面辽阔的海域。

沉着冷静的麦哲伦再也抑制不住自己的泪水，他知道虽然开始的计划是错误的，但因为自己的坚持，或者说盲目的自信，整个计划里最关键的部分——寻找跨越美洲的通道，终于获得了成功，尽管是凭借瞎猫碰上死耗子一样的运气。

一切胜利在望！

那时的麦哲伦一定觉得自己的人生是喜剧，他克服了最初完全没有想到的困难，固执下的赌注居然有了意外的收获。

麦哲伦并不知道，命运最后为他安排了一出悲剧，他死于最不应该发生的意外。

同样由于计算的错误，麦哲伦阴差阳错地来到了菲律宾。

现在，自信满满的麦哲伦认为自己不必再操心西进航线是否走得通的问题——实践已经证明，地球就是圆的，向东向西都可以环绕地球一圈。

麦哲伦觉得自己应该对得起这次探险的赞助者——西班牙国王查理五世，他应该多为查理五世跑马圈地，让他所至之处尽可能成为西班牙的殖民地。

所以，当一个小小的地方部落酋长拉普拉普不愿意臣服西班牙时，麦哲伦一反常态，决定要给这个不知天高地厚的家伙一点儿颜色看看。

在此之前，麦哲伦轻易地征服了比拉普拉普酋长威风得多的宿务岛国王，在宿务岛上上下下看来，这群欧洲人简直就是天神，他们会施放杀伤力很强的雷火（枪），而且刀枪不入（当地居民简陋的武器无法穿透他们厚厚的盔甲）。

麦哲伦决定延续这一神话，要让攻打拉普拉普之战成为一个印证西班牙无穷威力的传说，并广为流传。在麦哲伦眼里，拉普拉普统领的就是一群未开化的野人，简直不堪一击。所以当宿务岛国王主动提出派兵支持时，麦哲伦提出要求，一是士兵不必过多，二是他们最好在一旁观战，看看英勇神武的西班牙人是如何以一敌百的。

但这次麦哲伦的如意算盘打空了，他过于大意，只从自己的队伍里调派了 60 多个士兵前往。由于周围多险滩和礁石，他们始终无法完全接近拉普拉普的队伍，枪支有效杀伤距离是有限的，超出这个距离范围枪支也无计可施，而且原住民很快就发现了这些身着盔甲的欧洲人的“阿喀琉斯之踵”，他们仗着人多地熟的优势展开了反攻。

可怜的麦哲伦，他在这场战斗中被拉普拉普的队伍乱刀砍死。他的遗嘱本来是希望自己的遗体可以安葬在距离他去世的地方最近的、供奉圣母玛利亚的教堂里，现在，却葬身在一个如此蛮荒的地方。

前面我们说过，整个故事对西班牙乃至人类来说是一出喜剧——这是人类历史上首次环球航行，并用实践证明了地球是圆的，向东向西都可以到达想去的地方。欧洲和东方的狂热贸易因此再次被推向一个高潮。

但这个故事对麦哲伦个人来说是一出悲剧。麦哲伦和他的朋友谢兰一样，葬身在远离欧洲的东方。回到西班牙，领受本该属于麦哲伦荣誉的是曾经的叛乱者卡诺。麦哲伦没有遗产可以分配，他死于乱刀之下，葬礼没有衣服分给穷人。麦哲伦没有后人，妻子和儿子都在他离开西班牙不久之后去世了。甚至他的奴隶恩里克也没有如他所愿在他死后获得自由。

1568 年，荷兰打响了独立战争。

当时松散的尼德兰联邦联合起来反抗西班牙帝国的统治，这场战争持续了 80 年之久，本来松散的联邦越打越团结，最终造就了荷兰共和国。新生的荷兰要生存、要发展，眼睛自然看向一望无际的大海，前面就站着两大海上霸主——西班牙和葡萄牙。

先回顾下，西班牙和葡萄牙为什么会率先成为海上霸主。

还记得前文聊到的麦哲伦吗？他率领的船队完成了首次环球航行，要知道，麦哲伦可是葡萄牙人，而他的环球航行由西班牙政府赞助。哥伦布发现美洲新大陆也是西班牙支持的。

所以西班牙和葡萄牙算得上是欧洲大航海的先驱了，相比之下，荷兰就是后来的小弟弟。

航线受到西班牙和葡萄牙的限制，荷兰人非常被动，他们开始试图挣扎冲破西班牙和葡萄牙的限制，直接和东方国家做生意。

前文中我们谈到过，胡椒、丁香、肉豆蔻等香料主要产自东方的印度、印度尼西亚等地，通过陆路运送到欧洲后，价格已经高得惊人。欧洲人为了绕开在跨国贸易中层层加价的阿拉伯国家，不惜下血本从大海上寻找破局的机会，开辟出新航线。

当然，航海满是风险。例如麦哲伦，他率领的队伍虽然完成了首次环球航行，却付出了无比惨重的代价，出发时有 265 名船员，返回西班牙时只剩下18名船员，麦哲伦本人惨死在菲律宾。

这代价是不是很高？其实，相比从陆地上杀出条血路来，这个代价还是很小的。如果在陆地上开辟通往东方的道路，每推进一步就难免受到当时贸易中间商的阻拦，势必会有你死我活的生死较量。可能随便一次小小的地方战役，战死的人数就可能数以百计千计甚至更多，例如公元751年的“怛罗斯之战”，唐军和阿拉伯军队打了一场遭遇战，仅唐军方面的伤亡人数就达到1万人左右。所以如果真要从陆地上开辟出一条通达东方的道路，还要长久地维护，这高昂的成本就难以估算了。所以对比一下，还是开拓海上航线比较划算。

在当时，只要有贸易新航线，就相当于铺设了一条黄金之路。崛起中的荷兰自然不会放过这个机会。

荷兰人的逆袭

1592年，荷兰独立战争已经进入第24个年头。

就在这一年，赫赫有名的荷兰天文学家、制图师彼得鲁士出版了有深远影响的作品——《全新世界地理和水位精准地图》。这位勤奋的老哥后来还综合前人的成果、自己的观察，以及很多航海家的描述，不断完善对航海有指导意义的星象图。

同年，科内利斯·霍特曼被荷兰阿姆斯特丹的商人们派往葡萄牙首都里斯本，他所背负的秘密任务是要“窃取”葡萄牙人通往东方香料岛的航线信息。

霍特曼在葡萄牙逗留了两年，获取了大量的情报。他之后

“整合”或者说“拼凑”了各方信息，然后自信找到了通往东方香料产地的航线图和星象图。

你可能有些诧异，为什么当时人们的焦点会在航线图和星象图上。在今天我们可以轻易买到各种各样类似的图，且不说如今还有便捷的导航技术。

庆幸你生活在 21 世纪的今天吧！

15、16 世纪甚至连幅像样的世界地图都没有，航海很多时候是在撞大运。不然哥伦布怎么会手里捏着西班牙女王写给印度君王、中国皇帝的信，人却跑到了美洲，他到死都还天真地以为自己真的到了传说中的印度。

在有卫星飞到天上拍下地球全景之前，航海图和星象图是在一次一次的航海探索中，用很多人的生命和鲜血换回来更加精确的修正和完善。每次的改进也许只是增加了一个小岛、一个暗礁，或者是对星象新的描述，这些看似微小的改变却可能是好多人以生命为代价换来的。

所以在当时，比较精确的航海图和星象图无不价值连城，其中指向东方香料产地的更是如此。这就不难理解为什么霍特曼要冒险去葡萄牙“偷图”了。

在这里顺带说一下，当时缺的不仅仅是航海图和星象图，还缺少精准的经纬度测量方法。经纬度测量一直是个历史难题，船只在茫茫大海中走着走着就不知道自己置身何处了，这时就算手上有航海图或星象图也只能干着急。测量经度的问题直到 18 世纪才由英国自学成才的钟表匠约翰·哈里森提出了一个较为完善的解决方案。

所以在大航海时代，航海类同于赌博，每次航海都要面对很多未知的风险，都会有不少人为之牺牲。但欧洲人仍然前仆后继，乐此不疲。驱使人们不惜付出生命的代价去冒险探索新航线的，正是东西方贸易产生的高额利润。

1596年，荷兰探险家巴伦支率领的船队被困在了新地岛的冰面上。他们不得不面对一个严酷的现实——船队16个人只能在北冰洋的冰面上过冬。要在严寒中缺衣缩食地熬过一个冬天，这可不是闹着玩儿的，真不知道当时巴伦支心里是不是掠过一丝悔意。

这已经是巴伦支第三次组织探索东北航道。

前文我们聊到过，当时西班牙和葡萄牙对荷兰海上航道进行了限制和封锁，从非洲好望角绕到太平洋比较艰难，于是有部分敢于想象的荷兰人试图开拓一条从北冰洋进入太平洋的东北航道。巴伦支就是其中积极的冒险者，从1594年他就开始乐观地探索这条航道，但前两次均以失败告终。读过历史，我们可以回过头来说：当时的巴伦支不是乐观，而是盲目乐观。虽然历经两次失败，巴伦支还是踌躇满志，决定再次发起冲击，这一次他们发现了新地岛。但很不幸，大船被寒冰困在了这里，他们周围只有茫茫的冰川雪原。

最初巴伦支带领大家试图融化冻土让大船脱身。但16世纪落后的工具还无法完成这样浩大的工程。所以，巴伦支的队伍决定就利用船上的木材，在新地岛上架起一个小木屋。

在这个漫长的冬季，他们挨饿受冻，经历了极夜。困在小木屋里时，这群男人就如孩子一般，胡乱编故事打发时间，不时就用见到中国皇帝来给自己打气，但最后窘迫得连把准备献给中国皇帝的礼物也烧来取暖。

在煎熬中，陆续有人死于疾病、意外……日子一天天过去，终于熬过了寒冬，迎来了久违的太阳，但是大船仍然被困在严冰之中。

幸存者觉得与其在这片荒凉的冰原上等死，不如最后一搏，他们大胆地驾着两艘小船冲进了大海。两片孤舟听天由命地在浩瀚的海洋里漂着，幸运的是，7个多星期之后，他们终于被一艘荷兰商船救起。

巴伦支没有等到这一天，他在途中就撒手人寰。最后只有12个人回到了荷兰。今天新地岛以西的海域被命名为巴伦支海。

东北航道开拓的计划就此搁浅，当时的荷兰人完全没有预计到开拓东北航道会如此艰难。直到1879年，瑞典探险家诺登舍尔德才带领队伍，付出极大的代价第一次走通了这个航道。这已经是巴伦支去世后近3个世纪后的事情。

不是每一个伟大的梦想都能实现，但能实现的伟大成就都是一个又一个失败的梦想堆砌起来的！背后是为之献身的冒险者、开拓者。

这就是人类群体激情的写照，残酷而真实。

巴伦支可能永远都不会知道，几乎就在他们试图探索东北航道的同时，跑到葡萄牙“盗图”的科内利斯·霍特曼成功地开辟了新航线。

然而，科内利斯·霍特曼同样付出了沉重的代价。

1595年，4艘大船从阿姆斯特丹出发，仅几个星期后，船上就爆发了坏血病[①]，这是一种因为蔬菜供给不足而引发的维生素 C 缺失的病症。船刚到马达加斯加，就从船上抬下来了 70 具遗体。这对充满不确定性的远航来说是个沉重的打击，船队很快出现了内讧。不过，最终船队还是坚持了向东方的航程，并且在 1596 年 6 月 27 日抵达了印尼的万丹岛。荷兰人终于冲破了葡萄牙人和西班牙人的霸权，开拓出了自己的东方贸易航线。

科内利斯·霍特曼比巴伦支幸运的地方在于，尽管他付出的代价远超巴伦支，但他最终真正开辟出了东方的贸易航线。胜利的殊荣和肯定让科内利斯·霍特曼颇为自负，不久之后他又开启了第二次东方之行，但这一次他就没有那么幸运了。和麦哲伦一样，霍特曼也牺牲在了异国他乡，年仅 34 岁。

科内利斯·雷特曼的兄弟弗雷德里克·霍特曼也在这次冲突中被印尼亚奇的苏丹关押起来，但他不像科内利斯·霍特曼一样桀骜不驯，而是在困境中越挫越勇。他充分利用滞留在此的时间学习马来语，观察印尼的星象。弗雷德里克·霍特曼最终熬到了回到荷兰故土的日子，随后他出版了有关马来语语法的词典，并在其后附上了他观测所绘的星象图。

正是在一群探险者、商人、绘图师等野心家前仆后继的探索下，荷兰开拓东方贸易航线的热情被前所未有地激发出来。

当时已经不是简单派几艘船试探航线开拓的时代了。航线的应用越来越成熟，贸易量也越来越大，船队规模日益扩大，来往荷兰和东方香料产地也越来越频繁。

---

① 坏血病即维生素 C 缺乏症。——编者注

单靠个人或机构的投入，已经无法满足贸易的急速增长对金融支持的需求。持久的贸易就需要对风险做系统的思考，海上航线虽然被开拓出来，但仍然充满疾病、海盗袭击、海难等各种不确定的风险。

这还不算，有个关键的问题日渐暴露出来：随着运回欧洲的香料越来越多，物以稀为贵的效应慢慢消失，香料供给和市场需求两者的不测变化都会影响贸易利润。冒了很大的风险，利润却得不到保证，这肯定不是商人们愿意看到的。

如何更好地解决上述问题？英国人在1600年建立的垄断东方贸易的英国东印度公司提供了一个很好的参考。

确实，一旦实业方面取得了突破性进展，金融创新也就提上了日程。

1602年3月20日，荷兰东印度公司成立，这是世界上第一家上市公司，也就是说，它的股票是可以公开交易的。荷兰东印度公司最大范围地允许人们以金融的形式参与，从荷兰的全球贸易中分一杯羹。

一下子金钱蜂拥而来，和全球贸易相互推动，掀起了一场资本时代的狂欢。

荷兰东印度公司存在了近200年之久，成为现代公司的先驱。在类似荷兰东印度公司等商业创新的推动下，截至1650年，荷兰拥有的商船总数高达16 000艘，成为当之无愧的“海上马车夫”。

科技、商业、金融相互引爆，让人热血沸腾的激情时代呼之欲来！

财富的增长方式

马克坦岛是菲律宾中部的一个小珊瑚岛，整个岛屿的面积不足 65 平方千米，海拔只有 6 米。

就在这个小岛上，竖着一个别致的双面纪念碑，碑文的正反面都刻着同一个日期发生的同一件事：1521 年 4 月 27 日，从西班牙远航而来的麦哲伦，卷入了当地的内讧冲突，在与马克坦岛酋长拉普拉普率领的队伍交战中身亡。

碑文的一面盛赞了麦哲伦曾率领的船队，他们完成了人类有记载的第一次环球航行，因而对麦哲伦不幸半途身亡于此感到惋惜；碑文的另一面则盛赞了拉普拉普酋长，他捍卫了自己的家园，击退了欧洲侵略者，还在此率队斩杀了他们的首领麦哲伦。这个双面碑描述同一件事的两种态度，带有很强的讽刺意味。

原因在于，麦哲伦来此的目的并不是验证地球是不是球体，他是要帮着完成他此行的雇主——西班牙的殖民计划，以及寻找那些能在国际贸易中赚取巨额利润的香料。

麦哲伦最终倒在了菲律宾的土地上。事实上，这次所谓的首次环球航行付出的代价极其惨重。出发时是 5 艘大船 265 名船员，等到 3 年后回到西班牙时，只剩下“维多利亚号”一艘破船，船上只剩下憔悴虚弱的 18 人，他们的亲友都已认不出这些被大海航程痛苦折磨的可怜人。

太可怜了，作为先驱的他们甚至没有一幅正确的世界地图作为导引，损兵折将不足为奇。

这些敢于冒险的人用他们的生命拉开了全球化时代的序幕，

即人们首次肯定了地球是球体，开阔了眼界，认识到在自己的国土之外还有多元化文明的存在。国际贸易更加兴盛，通过和不同地域、不同国度的人交换更多的货物，创造了很多财富神话。

当然，殖民掠夺也因此更加疯狂。

但本书不是想重复其他书本里早已经讲过的道理，我们想告诉大家的是另外一个事实：所谓的人类首次环球航行其实也是一个终结，它的终结意义或许远大于它的开创意义。

什么的终结呢？对地球无限可扩展性想象的终结，以及财富增长单纯“量”的积累模式的终结。从此开始，人们才明白，地球的表面，无论是土地还是海洋都是有限的，而不是如很多神话传说所描绘的那样无边无际。

这意味着什么？意味着很多获得财富的方式都将遭遇瓶颈、碰触天花板。比如战争，你可掠夺的国家或地区、可掠夺的土地、可掠夺的资源是有限的。比如贸易，你可以做买卖的国家或地区、可交换的货物也是有限的。

所以，人们一边做着国际贸易发大财的同时，也在一边思考一个问题：有没有更好地获得更多财富的方式？

此外，人们还发现，只是获得财富“量”的积累其实远远不够。

要理解这个关键点，就要明白——在古代有钱的含义和今天有钱的含义大不相同。

在今天，有钱没钱对人的命运来说影响差别很大。例如患了重症或者绝症的人有没有足够的钱，直接影响到能不能获得更好的医疗救治，能不能使用昂贵的药品或者设备。因此如今钱的多少经常是和生命的质量乃至生命的长短直接相关的。

但在古代，钱再多能享受的医疗救治也有上限。例如达官显贵再有钱，得了天花、结核这样的病一样会丧命，而这些病在今天有钱就可防、可控或可治。翻看下中国皇帝的寿命长短统计就很容易知道这个事实。因此在古代，钱的多少和生命长短难以直接画等号。

古人隐隐约约感到，通过战争掠夺或者贸易交换获得的财富只是一种“量”的积累，并不能实质性地改变生命里一些重要的事情。或者说在前科技时代，有些事情叫作“有那钱没那福”，医疗只是其中一个极端的例子，类似的还包括古代的富豪享受不到的四季如春（空调）、腾云驾雾（飞机）、千里眼顺风耳（手机）……

前科技时代财富的种类是如此有限，所以今天看来稀松平常的物品，比如胡椒、丁香、藏红花等香料，由于有调味、延缓肉食腐烂等作用，在古代欧洲竟被视为珍宝。中世纪，胡椒在欧洲的价值几乎可以和黄金相提并论。

可怜的古人对财富的想象其实极其有限！也就是说，之前的财富增长方式带来的不是“质”的增长，而只是“量”的积累。因此，不要奇怪古人视钱财如粪土的情况要多过今天的人！确实，前科技时代有些情况下钱财甚至没有粪土有用。

一定还有其他获得财富的方式来改观人生，人们开始反思，寻找新的出路。在财富的“量”上积累越多，古人就发现越多这种模式的不足，因此对财富“质”的增长方式的渴望就更加强烈。于是，另一种财富增长的方式崭露头角，并逐渐推动人类进入激情燃烧的时代：科技创新成了创造财富的源头，金融创新则成为助推剂。

创新，打开了未来无限多的可能性，让我们未来世世代代子孙享受的不少生活品质，让今天和历史上的任何富豪都难以企及。也让我们更渴望明天，而不是贪恋今日。

时代进步，始于科技创新，成于金融创新！人们真正感受到了生命、生活“质”的提升和改善，文明找到了一种新的财富增长方式。

人类在生理层面、精神层面由此获得解放，激情才从此被最大程度释放出来。

天才背后的美第奇家族

关于巴尔达萨雷·科萨，历史上的记载多是负面的。

科萨做过教皇，于1410—1415年在位，但你要仔细看百科全书上有关他的词条，上面冠以的头衔却是“对立教皇”，这说明教会不承认他正统教皇的地位。

再深翻一下历史，我们很容易明白其中的原因。

要说科萨早年的出身，据说是个海盗。要说他最后的下场，在1415年以剽窃、谋杀、强奸等罪名被罢免。史学家还客气地说，这些触目惊心的罪名尚不足以描述这位“对立教皇”的罪过，其实已经给他留足了面子。

这么差劲儿的一个人是怎么当上教皇的呢？

正如那些喜欢捕风捉影的历史小说常写的那样，一定有股力量在背后支持科萨。确实有，这股力量就是美第奇家族，他们竟然选中这个昔日的海盗并不惜血本下了赌注。

看起来要把一个海盗扶持成教皇，就像下一个赔率很高的大赌注，希望渺茫，不过真要赢了一定有丰厚的回报。这就叫“奇货可居”。

数千年前在中国，吕不韦就是用同样的手法，押注早期窘迫潦倒在赵国做人质后来成为秦庄襄王的子楚（秦始皇他爹）而获得超额回报的。

现在这幕只是在文艺复兴前夕的意大利重演了一遍而已，而且演得更精彩。

美第奇家族大胆地下了这个赌注，然后他们真的赢了（不能不说非常幸运）。在科萨当上教皇后，美第奇家族获得的回报是让美第奇银行替教皇打理财政，这可是赚取巨额利润的绝佳生意。

把握了当时金融命脉的美第奇家族因此赚得盆满钵满。有历史记载显示，仅仅在 1397—1420 年期间，美第奇银行就赚取了近 15 万弗罗林，而那时一个熟练技工拼死赚得 100 弗罗林就可以让一家人快快乐乐地过上一整年。

故事还没结束。

罪名累累的科萨被赶下教皇宝座后被关进德国的监狱，狱中他抱着最后一丝希望给美第奇家族写了封求救信，在信中肉麻地称“我最亲爱的朋友”，他希望这“最亲爱的朋友”能救他出去。

救出科萨需要缴付 3.5 万弗罗林的赎金，而美第奇家族苦心经营 20 余年才赚到了近 15 万有余的弗罗林。相比之下，这笔赎金可谓巨款。

科萨已经是落水狗，绝无东山再起的可能，想必即使是科萨本人在写这封肉麻的求救信时也是抱着死马当作活马医的心态，他没妄想还能从监狱里活着出去。

但你猜怎么着？

美第奇家族真的为科萨缴付了巨额赎金，把他从监狱里捞了出来。虽然他们知道科萨再也还不起这笔巨款，事实也确实如此，出狱没多久科萨就去世了。欠着巨债的人死了，钱要不回来，按理说美第奇家族要为此感到懊恼才对，但美第奇家族竟然雇用当时杰出的建筑家和雕刻家为科萨修了一个风光的墓（今天你还可以前往意大利一睹它的壮观）。

是不是有点儿悖于常理，美第奇家族是不是头脑发热，为此赔了一大笔?

没有，我们不能低估美第奇家族的智慧。要知道，关于科萨的故事是多么"感人"啊，特别是人们喜欢添油加醋，这个故事迅速传遍四方，人们纷纷赞颂美第奇家族有情有义讲信用（请分外注意"信用"这个词），然后更多的人，尤其是那些有钱人，更愿意把钱财交给美第奇银行打理。从此美第奇家族更富有了。

不要埋怨他们擅耍心机赚钱，稍后我们会看到，正因为从金融业赚了大笔钱，这个有抱负的家族才会赞助和扶持那么多艺术大师和科学家，推动了文艺复兴的进程。

当然反过来他们也为美第奇家族赢得了极高的声望，否则我们为什么要把他们专门写到这本书里来呢。

这里要注意一个要素——信用，稍后我们会看到，它可是"群体激情"的贵人。

很多年后，美第奇家族杰出的洛伦佐在翻看他祖父科西莫的账本时大吃一惊，虽然他知道祖父投巨资支持艺术和公共事业，因此而出名，但他没有想到的是，仅仅在1434—1471年期间，科西莫在这方面的投入就超过66万弗罗林。是的，这些钱是数十年前家族给科萨赎身花费的十几倍。真是挥金如土啊！看着有点儿心疼，是不是有点儿败家？

稍等，前文我们说过，美第奇家族看似“无度挥霍”，背后其实暗藏深意。

从科萨的故事中我们就知道，美第奇家族之所以成为文艺复兴时期的灵魂家族，是因为他们从来不会只盯着账本打算盘。美第奇家族更懂的是人性，而且善于经营人性，这才是他们数百年间源源不断聚拢巨额财富的根本。

所以科西莫投入这么多钱赞助艺术和公共事业，一定是有道理的。这个道理甚至在五六百年后的今天，我们都能直观地感受到。

即使你没有机会亲临佛罗伦萨，在网络上搜一搜有关佛罗伦萨的照片，注意力马上就会被一个大教堂吸引，它不仅规模宏大、气势宏伟，而且有一个直入苍穹、外形夺目的大圆顶。

这就是赫赫有名的圣母百花大教堂，世界五大教堂之一。圣母百花大教堂远远高出周围的所有建筑，乍一看去，就如一头雄狮盘踞在羊群之中，王者气势扑面而来。

为什么要打造鹤立鸡群的圣母百花大教堂，让它一眼可见呢？这就是赞助艺术和公共事业的巧妙之处。人们一旦知道这个奇观是美第奇家族资助建造的，就非常容易理解美第奇家族在佛罗伦萨乃至整个欧洲的地位，同时这样一种印象会油然而生：美第奇家族不但实力雄厚，而且热心公共事业，富有艺术品位。

真是从物质到精神都无比富足的家族，圣母百花大教堂其实就是美第奇家族实力和气质的具象体现，重点是让你一眼看清楚这个家族的优势和特色。

处在高科技时代的我们尚且觉得这是奇观，更何况是五六百年前没有受过多少教育和缺少见识的人们（原谅我这么评价那个时代的人）。

所以修建圣母百花大教堂让当时的佛罗伦萨人乃至整个欧洲的人对美第奇家族佩服得五体投地，他们因此心甘情愿地把钱财交给这样有财富、有品位、热心公共事业的家族打理。

看起来美第奇家族巧妙利用了艺术和公共事业来扩大自己的影响力，当然，这一切首先是因为他们开银行、做金融，因此变得很富有。

资本催生艺术和科技的繁荣渐渐显露迹象。不过追溯历史，你会发现赞助艺术和公共事业可不是只掏出钱那么简单。让我们再回到圣母百花大教堂。

1436 年，对美第奇家族来说是具有历史意义的一年，就在这一年，圣母百花大教堂的圆顶落成。

一个圆顶的落成有什么值得大惊小怪的？

前面我们说过，圣母百花大教堂是由美第奇家族出资建造的，你在某种程度上可以理解其为美第奇家族实力和气质的体现。

但问题在于，这座教堂从 1296 年动工开始修建了 100 多年却迟迟没有竣工，原因之一就在于这个圆顶太难修了，以当时的工程技术水平根本完不成这项艰巨的工作，甚至圆顶的设计者对此都束手无策（所以想是一回事，执行又是一回事）。

迟迟不能竣工不仅意味着会持续耗费大量的钱财，而且一个难堪的事实袒露在众目睽睽之下——美第奇家族遇到了不可逾越的障碍。教堂开工 100 多年后，面对这一难题，美第奇家族的科西莫（也就是洛伦佐的祖父）思索再三，觉得要逾越看似不可跨越的障碍，就要启用不同寻常的人。谢天谢地，他终于发现了这个不同寻常的人——布鲁内莱斯基，一个性格乖僻、脾气糟糕的"异类"，他因为输掉一次设计比赛而半路出家改行做建筑。

先说说布鲁内莱斯基这次比赛的经历，你就容易理解美第奇家族的科西莫为什么相中他。

早些时候，布鲁内莱斯基的长项其实是雕塑，他曾经竞标佛罗伦萨圣乔凡尼教堂洗礼堂的青铜浮雕。布鲁内莱斯基创作的《以撒的献祭》很有特色，但最后夺走这一殊荣的是吉贝尔蒂。有人说是因为吉贝尔蒂作弊，这有些误解，吉贝尔蒂也很优秀，一个世纪后米开朗琪罗看见吉贝尔蒂的作品，不禁盛赞这真是天堂之门。

不管什么原因输掉比赛，总之布鲁内莱斯基都非常懊恼，以致后来他索性转行从事建筑行业。注意无论对个人，还是对于佛罗伦萨来说，布鲁内莱斯基的这次转行都很关键。这是因为建筑的独特性。

我们也把建筑称为艺术，但和其他艺术形式不同，建筑是最典型的实用与艺术的结合，建筑不但需要艺术品位，而且需要大量的科技知识及应用创新。

转行带来改变，但布鲁内莱斯基有一个情结始终没有改变，甚至因为这次落败而更强烈了，那就是要赢，他要创造不朽的作品。这个情结让布鲁内莱斯基赢得了美第奇家族的赏识，而敢于在他身上下注。

但最开始布鲁内莱斯基并没有成熟的圆顶施工方案，和其他人一样，起初他也是束手无策。

想要赢的布鲁内莱斯基不断从古代建筑中寻找灵感，创新思路，这也让他的头脑里冒出来不少奇思怪想，让当时的人觉得匪夷所思，无法理喻。

布鲁内莱斯基本来就脾气暴躁，现在更因为别人不理解自己而抑制不住地跟他人吵架，以至被看作异端扔到街上。

美第奇家族的科西莫却对这个“异类”另眼相看，他看到了布鲁内莱斯基身上洋溢的强烈的“想要赢”的精神，丰富的想象力以及在一次又一次的摸索中体现的“科技水平”和“创新意识”。

美第奇家族决定再次出手，要在布鲁内莱斯基这个“异类”的身上赌一把。反正当时的能工巧匠对圣母百花大教堂的圆顶修建难题都无计可施。布鲁内莱斯基最后赢得了这项工程，他不断从古罗马建筑中寻找灵感，粗暴地监督工人工作。而且，他不想让人知道自己的思路和技巧，因此采用密语来工作和记录，甚至为了保密不惜麻烦用大量心算去代替笔头计算。

如果布鲁内莱斯基还是个雕塑家，那他的成就多半只停留在艺术修养上。但他现在专注于建筑行业，这就需要更多的科学和技术知识，他是理解科技就是一种改造世界的力量的先驱之一。所以布鲁内莱斯基具备了保护自己科学技术知识和智慧的意识，这是很早萌芽的知识产权保护意识。到工业革命时期，我们会看到知识产权保护和创新以及激情的联系。更让人称赞的是，如果既有的科技知识（尤其工程技术）不够用，那么布鲁内莱斯基就自己去创新。一项一项创新渐渐看到成果，例如布鲁内莱斯基创新了现代起重机的雏形。遗憾的是，这都只是阶段成果，距离圆顶落成还有一段距离。人们关心的只是那个气势宏伟的大圆顶，谁在乎几个起重机呢。

日子一天天消磨，影响的不仅仅是声誉，美第奇家族的对手们更对此虎视眈眈，当时佛罗伦萨大家族之间的斗争你死我活，其间科西莫甚至被囚禁起来。就在投票公决他是否有罪时，科西莫贿赂狱卒后逃脱了，但最终还是避免不了被流放的厄运。布鲁内莱斯基受美第奇家族命运的牵连，也被投进了监狱。

现在回头来看，这倒不是什么坏事。缺少了美第奇家族的佛罗伦萨，慢慢体会到这个家族从事的银行业务并不只是他们平常咒骂的“贪婪”这么简单。没有了专业金融机构的支持，佛罗伦萨的经济受到影响，人们开始有些怀念美第奇家族了。

美第奇家族趁机杀回了佛罗伦萨，把敌人踩在脚下，他们拥有了比之前更大的影响力，生意越做越大。

布鲁内莱斯基自然也重获自由，继续他修建圆顶的工程。圆顶越升越高。

1436 年，在没有搭建脚手架、没有特别支撑的情况下，依靠自己独创的砌砖方法，以及各种奇奇怪怪的发明创造，克服种种困难，布鲁内莱斯基终于让圣母百花大教堂的圆顶竣工了。这个圆顶使用了超过 400 万块砖头，重达 3.7 万吨，成为科学、艺术和商业融合的具象体现，开创了建筑史的新篇章。

当然，最重要的是，只要人们走到佛罗伦萨，圣母百花大教堂，尤其这个大圆顶，抬眼可见，气势威慑四方。美第奇家族的气势由此一目了然，他们又赢了！

布鲁内莱斯基的夙愿也因此达成，他创造了不朽而让历史永远铭记。

这就是风险投资的雏形，后面我们会看到这种资本和极客的结合催生了颇受赞誉的硅谷，以及诸多让我们这个时代引以为豪的创新。

不过，有一个影响肯定是布鲁内莱斯基最早没有想到的，他在科学技术创新上所做的努力创造了大圆顶的奇迹，也从此树立起一座丰碑：这个大圆顶不仅是美第奇家族实力的体现，更是科学技术和艺术的结晶，也是想象力的直观体现。

科学技术就是力量，这种意识逐渐在佛罗伦萨蔓延开。

1507 年冬，佛罗伦萨的一个医院里。

当时已经年过半百、在美第奇家族的支持庇护下功成名就的达·芬奇正守候在这里，等待一位奄奄一息的老人咽气。这个老人不是达·芬奇的至亲好友，达·芬奇此行也不是想寻找模特创作一幅临终题材的画。

显然，守候在这里的达·芬奇另有目的。等这位老人咽气后，达·芬奇就马不停蹄地开始了他的工作。

他举起了解剖刀，开始解剖这个老人的遗体。这可不是件轻松的事，当时的解剖技术并不完善，许多操作细节，达·芬奇都需要自己从头摸索，这难免会放缓解剖的进程。要命的是，达·芬奇手里还没有什么有效的技术可以延缓尸体腐烂，所以解剖的进程又不能太慢。达·芬奇必须在这两者之间做出平衡，但结果常常是，为了看清解剖后展现出的人体组织结构细节，达·芬奇不由自主地一次次放慢节奏，到最后他不得不忍受难闻的腐臭味。用达·芬奇自己的话说，要干好这件事，你得有强大的能力管住你的胃。

尽管这不是一个让人愉快的过程，但在达·芬奇有生之年，他还是解剖了 30 具尸体。

有激情的人往往会呈现“超越本能”的特点，去做一些超越本能的事情。

等等，达·芬奇不是画出了蒙娜丽莎神秘微笑的画家吗？他为什么对人体解剖感兴趣？难道他曾经打算从医？当然不是，我们今天听到的各种关于达·芬奇的传闻可没有开医院这么一说。真实的原因是：达·芬奇对人体充满好奇心。

不单单是达·芬奇，那个时代的很多艺术家都对人体感兴趣。很多流传至今的文艺复兴时期的艺术作品都反映了这个倾向，例如波提切利的《春》或是《维纳斯的诞生》。尤其是《维纳斯的诞生》，它是波提切利应美第奇家族的一个远方表亲邀请创作的。在画中，春神正要给从贝壳里出来赤身裸体的维纳斯穿上衣服。波提切利是想借此表明：嗯，我顺应了大众的意愿——人或者神确实都应该穿衣服。

但波提切利特意展现、永远凝固在画面中的是维纳斯还没有穿上衣服的样子，或者说，维纳斯那青春滚烫的迷人躯体直接暴露在欣赏者面前。

这绝非偶然！

再看看米开朗琪罗，这个少年时期就跨入美第奇的家门，后来又和美第奇家族分道扬镳的大师。他所创作的雕塑《大卫》，就立体地呈现了一个赤身裸体的青年男子健硕的身躯。

一丝不挂，还作为公众艺术品展示在大庭广众之下，甚至在我们这个开明的时代还有不少人认为这实在有伤风化。

其实大卫还只是个传说中的民间英雄，这样的表现也还罢了。等到米开朗琪罗被教皇召唤去创作西斯廷教堂天顶画《创世记》时，他竟然大胆地展现了诸神，包括上帝在内的赤裸躯体。

就算人物胡须飘飘，表现出来的躯体也一定是肌肉发达、比例匀称、姿势优美的，白皙的肌肤下抑制不住的青春的躁动。

你可能会说今天去看西斯廷教堂天顶的《创世记》，画中的不少人物是穿了衣服的。对不起，那是后人加上去的，不是米开朗琪罗的本意。

略举这几位艺术大师和他们的作品，不难发现文艺复兴的一个气质——对人体的极度迷恋。

这一幕是不是似曾相识?

是的，回忆下本书前面的内容，古希腊人就曾有这样的气质和爱好。在熬过沉闷的中世纪后，这股子劲儿沉睡了千年，又在佛罗伦萨苏醒过来。所以我们才把这个时代冠以“文艺复兴”的名号——古希腊人对人体美的追求在文学艺术作品中又“复兴”了。

不过，怎么说这也过去了千余年，总得有点儿不同，照搬老前辈的经验也太没劲了。如果只是照抄古希腊人对人体之美的表现，那这帮文艺复兴时期杰出的艺术家也实在愧对大师的称号!

幸好，文艺复兴时期的大师和他们古希腊的前辈比确实存在不同，这个不同就在于从文艺复兴开始，科学和艺术的交融日益加深，艺术家可比他们的前辈更有好奇心，他们汲取科学的养料来滋养艺术。

明白这一点，就容易理解为什么达·芬奇要去解剖人体了，他是想弄清楚人体构成和运动的科学原理，这样才能超越外貌的泛泛观察，鞭辟入里地洞察人类行动的范围和限制，以及精神和行动的联系。

例如，表面看来我们的胳膊可以任意角度活动，仿佛不受限制，但你真要伸直胳膊使劲往后撇，到了一个角度就撇不过去了，这显然就是受到了肌肉和骨骼的限制。

再如，理解人类面部肌肉的小细节，才容易明白人的各种表情和这些肌肉活动的微妙联系，展现到绘画、雕塑里就更富有逼真的魅力。

所以达·芬奇认为绘画也是一门科学，他对科学的推崇甚至到了无以复加的地步。

如果你翻看达·芬奇留下来的手稿，不仅会看到前文提及的解剖细节图，还能看到他讨论地球、月亮、风的形成、雨的形成……他甚至造出了一个直升机的雏形。

为什么科学能获得如此高的地位呢？

前文提及，古希腊人敏感地洞察到了人和神的边界，雄心勃勃地想跨过这个边界进入神的领域，拥有对自己生命和这个世界更大的控制权和主动权。但在古希腊，奔放热情的想象力却被困在艺术里，所以古希腊才会悲剧盛行。

究竟有什么方法能推动人跨入原本属于神的疆域呢？让想象力也可以大张旗鼓地改变现实呢？经过千年的摸索，人们至少找到了一条看起来不错的路——科技驱动的创新。

从欧几里得几何学开始，科学就树立了一种范式：严谨、明晰、富有逻辑，而且不因为学习和应用科学的人的背景差异而有所不同。

这就奠定了人们大规模协作的基础。如果对这个世界的认知没有达成足够的共识，人类是不可能实现大规模协作的。此外，如果认知是错误的，协作起来也改变不了世界。两者缺一不可。

科学的伟大之处就在于它完美地解决了上面两个问题，为人类的协作创新之网打下坚实基础。

科技曾经一度懒洋洋地躺在书本里，但从文艺复兴开始，科技健全了创新的肌肉；想象力则从艺术的疆域里偷跑出来，为创新插上天马行空的翅膀；商业勤快地为创新喂饱了水草。从此创新放开蹄子，拉着这个世界越来越快地跑向未来，日新月异，永不停蹄！

在古希腊，多样的可能性只能托身艺术去体现，从文艺复兴开始，生活、或者说现实世界本身就越来越具备艺术的气质，许多体现与众不同想象力的杰作能帮助我们一眼看到背后的商业科技的力量。

不要忘了，前文提到美第奇家族在佛罗伦萨地位的直观体现，正是得益于那个在佛罗伦萨诸多建筑里鹤立鸡群的圣母百花大教堂，特别是教堂顶上直耸入云的大圆顶。如果没有高超的数学和工程知识，以及布鲁内莱斯基诸多工程技术领域的发明，这样伟大的建筑是难以竣工的。

科技就是力量。所以“文艺复兴”这个概念如果只提及了文学和艺术的复兴，其实还不能从根本上概括这个时代最重要的一件事情，即近代科学的崛起和大规模的技术应用。

其实，文艺复兴的本质就是人类要自己做主的时代来了！

想象力越来越在现实而不只是艺术中体现它的魅力，人类将从生活本身，而不只是艺术中体会到多样可能性带来的审美巅峰体验！美第奇家族大胆支持了这一趋势，虽然教会对那些裸露的肉身颇有微词，但民众万分喜欢。

1564 年 2 月 15 日，几乎就在文艺复兴三杰最后一位英雄米开朗琪罗去世的同时，伽利略诞生了。

掐指一算，美第奇家族把海盗科萨扶上教皇宝座这件事也过去了一个半世纪之久。

现在，美第奇家族要推着文艺复兴从“艺术复兴时代”进入“现代科学崛起时代”。

这里我们正好借伽利略这位大家熟悉的人物，来聊聊资本对于文艺和科技复兴的意义。

关于伽利略有很多传说，不过大多数是吹捧这位先驱的科学发现，倒很少提及他的窘迫日子。人们总有种把天才“神化”的错觉，仿佛这些天才只有才华横溢和万丈激情，而没有吃喝拉撒的欲望和俗事。

1589 年，年轻的伽利略在大学任教，年收入只有 60 弗罗林，这点儿可怜的薪酬，还不如在街边开个小店赚得多，但伽利略只能屈服，因为全家都指着他挣钱养家糊口。

伽利略到了不惑之年，情况也不见好转，他有一大家子人要养——包括一个情妇和三个孩子，简直债台高筑。

美第奇家族被后人指责没有始终庇护和支持伽利略，几次在伽利略最无助时抛弃了他。

但为什么不反过来想想呢？

例如伽利略因为被美第奇家族的弗迪南多一世肯定和支持，才赢得了帕多瓦大学年薪500弗罗林的职位。有充足的收入才能让他从一大家子人吃喝拉撒的烦心事里脱身出来专注科研。而之后伽利略能制造出望远镜，也是因为得到了弗迪南多二世的资助。

即使不是从始至终得到美第奇家族的支持，伽利略取得的许多科学成就也是与美第奇家族不时的庇护和援助分不开的。

我们必须承认这样一个事实：人是兽性、人性和神性的综合体，每个人都是如此，没有例外。

天才之所以为天才，首先不是因为他们有超凡的能力，而是因为他们有真爱。恰如艺术之于达·芬奇、米开朗琪罗、波提切利或者科技之于伽利略。真爱成为激情最根本的来源！

但天才不是只有激情，他们也一样有欲望，甚至这种欲望比常人更强烈，他们也一样要处理吃喝拉撒、谈情说爱之事。他们也要养家糊口，也要争风吃醋，也要争名夺利，或者直接一点儿说到根本——他们也需要钱！

要追求真爱，释放激情，首先就要扫平欲望构筑的障碍，而最有力的工具就是钱，或者说资本。这就是美第奇家族对于文艺复兴的意义。

后来的文人不会花太多笔墨描绘伽利略的欲望和俗事，更多关于伽利略的传说与他的科学发现有关。其中一个很著名的故事，伽利略在众人注视之下登上了比萨斜塔的塔顶后，同时抛下两个重量相差10倍的铁球。两个铁球几乎同时着地，当时的人们为此惊叹不已。

为什么当时围观的人这么大惊小怪呢？因为之前大众笃信的是亚里士多德的教条：物体在空气中下落，速度与它的重量成正比，所以重的物体会下落得更快一些，因此按道理大铁球速度应该是小铁球的 10 倍才对。

亚里士多德笃信这样的教条或许来自这样的日常经验——石头的下落速度总是要比羽毛快很多。

但伽利略的演示证明实情并非如此。伽利略认为，石头之所以比羽毛下落的速度快，不过是因为空气阻力对羽毛的下落速度影响更大而已，如果没有空气阻力的影响，石头和羽毛的下落速度应该是一样的。

伽利略的这个论断在高科技时代得到了证明。

据传，1969 年人类登月后，宇航员阿姆斯特朗在月球上同时扔下了羽毛和锤子，因为月球表面没有空气，所以羽毛和锤子同时着地，阿姆斯特朗打趣道："看吧，伽利略是对的。"不过阿姆斯特朗这个故事同样是个传说，更确切的证据表明这个实验是戴夫·斯科特在阿波罗 15 的项目中做的。

有人质疑比萨斜塔扔球故事的真实性，因为在伽利略自己的笔记中找不到这个故事，而是来自他学生维瓦尼的记载。这其实不重要，只要能证明物体下落的速度与其重量无关，实验在哪里做都行，未必一定要爬到比萨斜塔塔顶。强调比萨斜塔只是为了让这个故事更有传奇色彩，有没有这个故事，物理定律都在那里，不会改变。

而亚里士多德的问题恰恰在这里，他从日常经验中轻率地得出一个结论，又过于相信自己的大脑，轻率地总结得出理论而懒得多做实验加以论证。

我们相信，即便没有铁球，亚里士多德完全可以用自己家的饭碗、水盆随手来做实验，然后很快就会发现自己的谬误。显然亚里士多德没有这样做。类似的错误亚里士多德犯了不止一次，他甚至轻率地说女人的牙齿数目要比男人少，也许他的太太是这样，但亚里士多德为什么不多数数几个女人的牙齿呢？亚里士多德一个人的谬误也就算了，让人吃惊的是，一些随手做的实验就可以推翻的谬误，居然让后人跟着相信了上千年之久。

通过实验直接向自然取经，而不是迷信自己或者权威的大脑，这是现代科学的基本精神。正是秉持这种精神，我们才可能不断拓宽人可作为的疆域，而不是哀叹人力所及边界有限的悲剧。

但要注意，科学实验和泛泛的观察世界有本质的区别。观察世界其实谁都会，但通过科学实验观察找到我们眼前世界里暗藏的规律，这就需要特别的功夫。伽利略在这件事情上做出了杰出贡献，他从古希腊的前辈那里获益颇多。

首先，他像阿基米德一样重视实验，非常谦虚地通过实验向自然世界“取经”。

但注意，就伽利略向自然世界“取经”这件事来说，产生更大影响的是柏拉图，即使柏拉图曾经义正词严地说自然世界不够真实。

事实上，虽然柏拉图提出的“理念说”贬低了现实世界的真实性，但伽利略很聪明地发现“理念说”的精髓是设计有效科学实验的指导原则。如果人们只是停留在观察繁芜的日常现象上，就可能陷入亚里士多德看到日常中的个别现象而得出错误结论的困境。

从这个角度来说，柏拉图认为自然世界不够真实是有一定合理性的。因为“本质”就像沙堆里的金粒儿一样，总是被很多杂乱的“现象”藏起来，一般人不容易发现。

当时就发生过这样让人哭笑不得的闹剧，有个人为了探究老鼠是从哪里来的，把脏衣服和小麦放进一个坛子里，一段时间后，坛子里确实出现了老鼠，然后此人兴高采烈地说：看吧，我就说老鼠是脏衣服和小麦孵化出来的吧！他确实进行了实验，但他没有控制好实验的条件，尤其是没有事先找到一个合理的“模型”，所以通过所谓的“实验”只能得到一个很荒谬的结论。

想要得出正确的结论，不只是观察自然那么简单，还需要识别类似“空气阻力”这样的干扰条件，在实验中去掉这些干扰因素，从而形成一个能够探求本质关系的理想模型。

这是一种很重要的抽象思维。先抽象一个模型出来，随后根据模型的指导，设计条件可控的实验从而探究这些物理现象彼此之间的数学关系。

只有通过这样的科学的实验，人类才有可能获得真理。

科学实验的精神和规范一旦建立，打碎谬误的步伐也就随之加速了。人类开始大力拓展人与神那条自古以来看似不可逾越的边界，扩大人力所能及的范围，拥有对自己命运和世界越来越大的控制权。这种精神是文艺复兴引发的革命性改变，对人类文明的发展产生了决定性影响，从而推动后面时代的激情一浪高过一浪。

日常实验就可以推翻的谬误尚且随处可见，那些需要具备相当科技手段才能获得观测结果再去推翻的谬误更是数不胜数。

伽利略制作了望远镜，当把望远镜对准星空时，他发现了许多令人震惊的事实。例如，宇宙绝不像亚里士多德所描述的那样完美：月球的表面凹凸不平，接着又发现了太阳黑子，此外，伽利略还发现了木星的四颗卫星。

更要命的是，伽利略观测得越多，得到的结果越是支持之前哥白尼所提出来的惊世骇俗的论断——地球不是宇宙的中心。与当时人们的认知正好相反，地球在围着太阳转。

这些发现和结论可惹恼了当时的教会，之前哥白尼的拥护者，例如布鲁诺就被烧死在鲜花广场。现在，矛头直指伽利略。伽利略 1632 年出版的《关于托勒密和哥白尼两大世界体系的对话》成了禁书，他也被判处终身监禁。

软禁期间，伽利略接待了一位远道而来的客人——英国哲学家霍布斯。霍布斯悄悄告诉伽利略，他已经读过《关于托勒密和哥白尼两大世界体系的对话》的英文译本。这让伽利略不禁一怔，原来正在这本书被禁时，美第奇家族的费迪南多二世让他弟弟把这部著作的手稿偷偷带出境，流传到了北欧，随后手稿被翻译为多国文字出版。美第奇家族还是在关注和支持伽利略的。这让伽利略多少感到安慰，毕竟在有生之年，他的发现已经在欧洲形成了相当的影响。

6 年后，双目失明的伽利略去世，享年 77 岁。伽利略至死也没有得到罗马教会的原谅，罗马教会为他平反已经是他去世 300 多年后，即 1979 年的事情了。

历史用了 300 多年来证明，伽利略发现了很多真理。他用实证的精神和科学的方法揭开了近代科技的序幕，随后让这个世界发生巨变，远超自有古人种以来 500 多万年的历史。

自此，人类进入了一个力量大爆发的时代。尤其可喜的是，人们发现通过科技创新创造财富的方式比通过战争掠夺财富的方式更可取，从此大家更专注于科技的创新和商业的繁荣，而不是聚焦在战争上。

最终，人类文明的格局发生了改变，人们从推崇有激情的战将，逐渐转变为推崇有激情的科学家，以及推动科技与商业结合的企业家。

美第奇家族没有如圣母百花大教堂一样长青，他们在 1737 年因为家族绝嗣退出了历史舞台。这个家族也许是出于私利去赞助了文艺和科学，但成果最终惠及整个人类。

资本和科技、商业的结合从此初露端倪。这让那些天才从满足基本欲望的日常琐碎中解脱出来，从而专注于他们真正热爱、能体现他们超凡创意的事情，最终释放了这些天才前所未有的激情！

激情前面有道坎儿——欲望，跨越这道坎儿的垫脚石就是资本！

人性的复杂

1815 年，英国著名浪漫主义诗人拜伦向安妮·伊萨贝拉求婚。伊萨贝拉是一位接受过良好教育的女孩，她非常欣赏拜伦的才气，拜伦生性风流，伊莎贝拉最初犹豫，但最终也接受了负有盛名的拜伦。于是，他们走到了一起，看起来这真是桩不错的婚姻，用中国的成语形容就是“郎才女貌”。

这场婚姻最后发展为一场悲剧，婚后，伊萨贝拉很快发现拜伦有才气不假，但他婚后本性不改，四处留情，背负了一身的债务。最终伊萨贝拉对拜伦的行为忍无可忍，带着刚出生不久的女儿离开了他，并且禁止女儿与拜伦见面，甚至不愿意在女儿面前提起这个伤透了她心的浪荡公子。

稍后我们还会提到拜伦和伊萨贝拉的女儿阿达·洛芙莱斯，她对数字时代产生了决定性影响。

在此借用这个故事，我们只是想说明人性的复杂。

许多故事过于渲染天才的才华，却忽略了他们的欲望和人性的弱点，一些轻率的故事甚至刻意引导读者给才华和道德直接画等号，仿佛天才都是不食人间烟火的仙人，这些造成了极大的误导。

人性如此复杂，我们很难简单地用一两句话概括，以至我们每天都在跟人打交道，却又觉得人性如此难琢磨。

人的行为是人性的外化体现。人的行为首先脱离不了肉身。毋庸置疑，肉身是我们的行为基础。如果你拥有的是猿猴的肉身，你就不可能拥有人的智慧。当我们喝醉酒、生病、衰老或发生其他情况，肉身产生了器质性的变化，我们的行为也会因此不由自主地产生明显的改变。

肉身是历经漫长的进化演变而来的。

前面我们聊到过，人类的祖先500万年前在非洲大草原上露面，现代人的祖先智人也已经有20万年的历史，人类进入农耕社会才不过1万年，有据可考的文字显示具体为6 000年，迈入现代科技时代才500年左右，而进入信息时代则不过半个世纪。这一连串的数字有助于人类对自己的肉身有更加深刻的认识：虽然我们自诩生活在信息爆炸的时代，受过良好的教育，拥有理性思考和独立判断的能力，但根本在于我们的肉身首先是具有动物性的，在很多情况下，人受500万年的动物性的影响，远远大于500年的现代科技的熏陶。

任何人都是如此，概莫能外。动物性给人的行为留下了深深的烙印。比如，当面对美味的奶油蛋糕时，理性会告诉我们：这不能吃，吃了对血压、血糖、血脂都不利，会危害身体健康。这时动物脑也会迅速发言：这是绝对的美味，可以快速补充身体需要的热量，还等什么，赶快吃吧。因为在过去500万年的绝大多数时光中，人的肉身一直处于热量稀缺的状态，食物泛滥是近代才有的事情，所以人的动物脑在漫长的进化中视热量如珍宝。通常的结果就是，尽管有理性和常识的规劝，我们还是忍不住大口吃下诱人的奶油蛋糕，并且心满意足，即便事后略有悔意，下次还是会照犯无误。

理性熏陶的才学不能掩盖人首先具有动物性这一事实。但人性的复杂就在于此，我们又不能轻易得出500万年的动物性一定战胜500年科学理性的谬论。

恰如前面我们聊到语言时所说的，人类进化出了道德，进化出了利他的行为，进而有了协作，这些才是推动人类文明向前发展的根本。许多富有激情的行为不是顺应本能，而是超越本能。

苏格拉底会为内心的信念从容就义，玄奘会为坚定的信仰而奉献自己的一生，“泰坦尼克号”上的男人会为人生的信条牺牲自己保全妇孺……

每个人的身上都融合着兽性、人性和神性，人的行为受这三者共同的影响，因而体现复杂性。在不同的场景里，我们往往表现的是这种复杂性的某一面。

过去我们喜欢神化杰出的人物，仿佛他们都是不食人间烟火，不问凡尘俗事的神人，甚至在道德方面美化他们，这会给人们造成一种错觉，即有才的人一定有德，有德就可以抑制各种欲望。

然而，这既不符合人类进化的事实，和史实也相去甚远，我们必须正视人，包括天才的欲望。

中世纪过分地描绘了天堂和来世的美好，将禁欲视同美德，但最终这些宣扬的美德没有推动社会的长足进步。

到了文艺复兴时期，人文主义的奠基人彼得拉克说了一句很有人情味的大实话：我只是个凡人，我只要凡人的幸福就够了！无论多么聪明的天才归根结底都是凡人，毫无疑问，他们也有七情六欲，有时甚至还会比常人过分些，恰如拜伦那样。当然，拜伦也为自己的放荡付出了沉重的代价，终其短暂的一生，他也没见过自己唯一的法定女儿阿达·洛芙莱斯。

从文艺复兴开始，人的欲望逐渐受到正视：只有人的正常欲望得到满足，才华和激情才能释放出来，当然，在这个过程中要防止正常的欲望堕落为贪婪乃至邪恶。此后的法律制度、经济制度、创新机制等都在围绕这个主题进行建设。

王阳明讨贼平乱

1517年，明武宗正德十二年。

藏在赣南深山里的群贼得知朝廷又要派出兵马来围剿他们，对此他们不以为然。过去的几十年里，朝廷不知进行了多少次类似的围剿，那又能怎么样呢？哪一次真正动到这些山贼的筋骨？

山贼对此十分不屑，朝廷派出来的兵马常常没有什么战斗力。当然，有时候朝廷也会发狠，不惜下血本，从远方调来善于打山地战的狼兵。狼兵的作战能力确实比较强，但山贼并不怕，真等到狼兵来了，山贼就往深山里钻，和狼兵打消耗战。因为很多狼兵是从远方调集过来的，吃穿住用成本比较高，天长日久朝廷供养不起，狼兵也就不得不撤退。狼兵一走，山贼又可以继续出来为非作歹。

所以这次的围剿，山贼也没放在心上。尤其是当他们听说统率围剿军队的王阳明不过是一个有肺病的书生，就更不把这次围剿当回事儿。很快山贼就发现他们对这次围剿，尤其是对王阳明的预判是错误的，而且是大错特错。

山贼首先发现，想藏身混迹在民间越来越困难。他们平常藏身于大山，与世隔绝，官军来了好隐蔽起来。不过，很多必需的物资，例如盐、布匹，山里不出产，过一段时间就得去山外的村落、乡镇找，或者说抢。

再说，抢了钱，发了财，不到花花世界里去快乐一番，又有什么意思呢？况且要打探情报，弄清官军的动向，也得走出大山混迹民间。

所以，每隔段时间，山贼就得出山混入村落乡镇。过去这不是什么难事，因为这些山贼绝大部分是农民出身，稍微画一下妆，把凶器藏起来，走到村落乡镇里也不太容易被官军发现。

但自从王阳明首先推行了“十家牌法”的管理方法，山贼藏身就难了。这种管理方法是把老百姓每十家连为一甲。然后把每家都有几口人、是男是女、是老是少甚至有无残疾等详细情况写在一块木牌上。这块木牌，由十家人轮流掌管，每家轮流值日。当值的人家要拿着木牌，每天去其他九家巡视，看看有没有可疑人员出现，如果有就要赶快向官府举报。一旦有瞒报窝藏的事情发生，十家人都要共同受罪。这样一来，老百姓害怕受到株连，就会相互监督、相互制约，谁也不敢再窝藏山贼。

失去了藏身的基础，山贼只好龟缩在大山深处，日子变得难过起来。接着山贼又发现，他们安插在官府里的奸细陆续被王阳明挖了出来。过去官兵之所以奈何不了山贼，相当一部分原因就是这些奸细会及时把官兵的动向报告给山贼。因此常常围剿行动还没开始，山贼就早早收到情报，做好应对的策略或者找好藏身之处。

王阳明到了赣南，明察暗访，摸透了不少奸细的老底。一旦发现奸细，王阳明对他们不是简单地收监杀头，而是对他们进行“攻心战”，要从奸细心底里把他们争取到自己的阵营来。

于是，一旦发现一个奸细，王阳明就能顺藤摸瓜找到更多的奸细，他暗地里策反了这些奸细，并准许他们继续给山贼提供情报。当然，都是误导山贼行动的假情报。山贼心中渐渐感觉不妙，他们就像被关进了笼子的老虎，空有威风，实则对外面的世界越来越陌生，情势也越来越被动。

接着，让山贼震惊的消息一个接一个地传来。先是以詹师富为首的一股山贼被王阳明剿灭。

王阳明和詹师富的队伍短兵相接，互有胜负。詹师富的队员在数量上远超王阳明，又依托自己山地战的优势，王阳明的军队一时难以获得决定性胜利。“狡猾”的王阳明假装班师回巢。詹师富信以为真，因为过往的官兵也是这样形式上地进攻一下就撤退的，然后他便放松了警惕。

然而，让詹师富万万没想到的是在夜黑风高的夜晚，王阳明的军队悄悄摸进了山寨，一举拿下了自己的老窝。

尽管詹师富侥幸逃脱，但他的队伍之前从未遭受过这样的重创，突如其来的打击让这批山贼的斗志从此崩溃，不久，詹师富就被活捉，他的队伍也被剿灭。

这个消息在赣南的山贼间传遍，引起了不小震动。但还有人不以为意，因为詹师富在他们中间只是一股弱小的势力，这次事件可以理解为王阳明侥幸取胜。

但这些山贼又估计错了形势。

王阳明认为狼兵使用成本太高，更划算的方式是加紧训练当地的团练，也就是民兵。

山贼陈曰能暗中观察王阳明练兵的情况。渐渐地，他在心中升起了对团练队伍的不屑：日出而作，日落而息，只会在操场上舞枪弄棒，缺少实战经验的民兵，怎么能跟我们这些老江湖比？

随后陈曰能放松了警惕，王阳明又依葫芦画瓢，在一个夜黑风高的夜晚击溃了陈曰能的队伍。

这个消息再次震动了赣南的山贼，他们嗅到穷途末路的气息。有几支山贼按捺不住心中的狂躁，主动发起进攻。

在王阳明眼里，这些山贼都只是乌合之众。他也开始主动进攻，不过不是先动刀枪，而是先动笔墨。

王阳明提笔写了一封给山贼的公开信《告谕浰头巢贼》。在这封公开信里，王阳明首先总结前面讨伐山贼的心得，他认为经过审讯之前缉拿归案的山贼，发现了一件重要的事情：真正的恶人在山贼中只占小部分，大部分人做山贼其实是被胁迫的。

这就让王阳明心中一动：想来你们这些山贼里，肯定有不少还是懂道理的。为什么要写这封信呢？如果不先给你们把道理讲明白，就兴师动众地把你们给灭了，将来有一天我肯定会后悔。

至此王阳明开始对山贼攻心。

他对山贼说，要把你们称呼为强盗吧，你们肯定也不愿意。这说明什么呢？说明其实在你们的心中，做强盗是一件不光彩的事情，别人如果抢你们的财物、霸占你们的老婆，你们肯定也不干。

也就是说，你们还是有良知的，只是形势所迫，不得已做了强盗，这是很值得同情的。

所以王阳明劝告山贼：苦海无边，回头是岸。

轻易杀人是要遭报应的，我真要杀了你们，将来有一天也会子孙不安。那为什么还非要这样做不可呢？

这就好像父母生了十个儿子，其中有两个儿子作恶多端，要害另外八个儿子。所以即便都是亲生的，父母为了顾全大局，也只能忍痛除去这两个逆子。但如果这两个逆子能够幡然悔悟，做父母的哪有不哀怜他们、原谅他们的道理？这也是父母的本心啊！

你们做山贼的日子其实并不快乐，何不重新做回良民，踏踏实实、开开心心地过日子呢？如果你们投降，做回良民，我就既往不咎，否则我就跟你们战斗到底。不是我王阳明顽固，非要跟你们打来打去，而是因为你们让那些善良的老百姓日子过不下去。该说的，我都说了，如果你们还是不听，那就不是我对不起你们了。不过，想起你们和我一样有爹有娘，我不能说服你们做回良民，而要把你们斩于刀下，真是让我十分痛心。写到这里，我的眼泪都禁不住流下来了。

这不是王阳明矫情，历史记载很多次打完大胜仗之后，王阳明确实会因为战斗死了很多人，而感到难过不适。

他的这封信写得十分恳切，说清楚了剿匪不是目的，让土匪做回良民，让良民能安居乐业，大家都能踏踏实实、平平安安地过日子，才是他真正的理想。驱动王阳明的不是功名利禄，而是“良知”。

当时大多数人不相信这样一封信真能让山贼有所改变。但随后奇迹真的发生了，有黄金巢、卢珂等几股山贼看过这封信后主动前来归降，王阳明大喜，把其中愿意跟随自己的人编入自己的队伍，此后采用山贼来打山贼。

一封信竟然能起到这么大的作用，这很快成为一个神话，传遍了赣南。从来只信刀枪、不信笔墨的山贼终于意识到，他们面对的是一个神一般的对手，尽管手下没有成千上万的狼兵，但他有远超狼兵的威力！

正德十二年，农历闰十二月二十三日，没有几天就是春节了。就在这一天，池仲容来到赣州，准备和被他的同行无数次心惊胆战提起、传得神乎其神的王阳明见面。

仅仅一年时间，和池仲容一样的赣南山贼降的降、死的死、散的散，真正有实力的只剩下池仲容这一股。同样，王阳明也从山贼不屑的一介书生，变成了传说中杀人不眨眼、呼风唤雨的魔王。

池仲容之所以敢来赣州见王阳明，是因为他之前做了名义上的投降，但宣称投降时他没有亲自面见王阳明，而是派他的弟弟去诈降，目的是混入王阳明的队伍打探虚实。

现在，他的弟弟池仲安给他传回了积极的信号，王阳明对他们动武的可能性不大。

池仲容不知道，王阳明的“心学”的影响力到底有多大，昔日一些只信刀枪说话的“老同事”真走到王阳明身边时，竟然成了王阳明的“粉丝”，而这些人又对他弟弟池仲安的意见产生了很大的影响。逐渐池仲安感到王阳明其实没有那么可怕，倒是他的哥哥有些小气和多疑。当然池仲安传回来的所谓的情报，其实也是王阳明有选择地让他知晓传递的。

这回，池仲容决定亲自前往，虽然这个举动有些冒险，但他清楚，拖着不去见王阳明，对方迟早起疑心，如若真的动武也能灭了他。盘算之后，池仲容觉得还不如放手一搏，深入虎穴，麻痹一下王阳明，等他撤军以后，自己再卷土重来，这不也是一个良机吗？况且身在赣州城的池仲安在来信中说，赣州城里面只有一些老弱残兵，王阳明每天也只是和他人谈论心学，过着雅致的生活。所以池仲容觉得只要多些防备，带着精锐的贴身保镖前往，遇到危险自己也能够脱身的。

当真走到赣州城边上的时候，池仲容有些担忧，万一中了王阳明的埋伏怎么办？他有些迟疑，不敢进城。池仲安跑出城来劝说他，王阳明如果真想灭了你，在这里埋伏一支军队就够了，何劳等你进了赣州城才动手呢？既然来了，当然要进去拜谒王阳明。池仲容想了想，觉得有道理，就带着保镖进了赣州城，当然，一路上他还是满心戒备，不停观察可能的退路。没有想到一路没有任何异样，甚至他的贴身保镖也被请进了王阳明的府邸。

池仲容终于见到了传说中的王阳明——一个黑瘦的文弱书生。让他放松下来的是王阳明压根儿没提是否投降的事，而是让他们好好休息几天。池仲容有些糊涂，他不知道王阳明葫芦里卖的什么药。确实，如果王阳明真要灭了他，见面的时候就可以把他拿下，完全不需要花费更多的时间周旋。

显然，池仲容对王阳明的《告谕浰头巢贼》理解得还不够深刻。他读过这封公开信，而且知道和自己有过节、同是山贼的卢珂正是因为读了王阳明的这封公开信，心悦诚服地归降到了王阳明的麾下。池仲容对此感到不屑，舞枪弄棒的人怎么可以轻易拜倒在笔墨之下呢？

池仲容揣摩了很多种王阳明挽留他们的原因，他隐约觉得王阳明不会轻易放过自己，但他不明白为什么要拖这么久。

然而池仲容唯一没有揣摩到的原因，也是王阳明愿意花这么多时间在他身上的真正原因是：王阳明希望他能够良知发现，心悦诚服地归顺。动刀枪、砍人头根本不是王阳明的目的，虽然他同时也在调兵遣将，以防劝服不成而有足够的把握消灭池仲容这个顽贼。

在这段日子里，王阳明试图感化池仲容一行。在此之前有人告诉王阳明，池仲容顽冥不化，只能武取不能文降，但王阳明明知事不可为而强为之。正如王阳明在《告谕浰头巢贼》强调的，他的原则是能说清楚道理，就绝对不动用刀枪。当然，对于顽冥不化的山贼，只能刀枪说话了。

虽然王阳明以礼相待，但池仲容在赣州还是感觉如坐针毡，他希望早点儿离开，回到自己的大本营，这样他才会觉得安全。

王阳明挽留他过完春节再走，并给出了好几个理由。其他理由池仲容一行都没听进去，唯独有一个理由让他们动了心，那就是赣州城里有妓院，而大山里没有。这个理由让他们决定留下来过春节，再多逍遥快活几天。

王阳明的本意是多给他们一些时间反思自己，但显然双方不在同一个频道上。

大年初三这一天，王阳明看池仲容一行没有悔改之意，终于下令把他们拿下。池仲容随后被绳之以法，而他的山寨很快就在王阳明大军的冲击下土崩瓦解。最后一股有实力的赣南山贼也被消灭了。

为害多年的赣南匪害，王阳明没有动用重兵，仅仅用一年多的时间就完全平息，他随后推动朝廷对当地的税制等做了一系列改革，让老百姓真正安居乐业，从根本上消灭匪患。

1520 年，即正德十五年，年近半百的王阳明重新修改了之前有关平定宁王的报捷书，文中极力吹捧了朱寿大将军，与朱寿大将军相比，王阳明本人似乎并没有为平定宁王朱宸濠的叛乱贡献过什么。

朱寿大将军是谁呢？王阳明竟然要为了他修改之前陈述事实的报捷书。

朱寿大将军不是别人，正是当时的皇帝朱厚照。其实，从根本上推动王阳明修改报捷书的也不是别人，正是朱厚照本人。

早些时候，宁王朱宸濠要造反，朝野内外对此其实早有所猜测，但没有人敢把这件事拿到明面上来讲。没有确凿的证据，轻易说宁王朱宸濠要造反，那就是污蔑皇亲国戚，是要治重罪的。

王阳明在江西剿匪，对大本营在南昌的宁王的举动其实比别人看得更清楚。王阳明还清楚一个事实：朱宸濠为造反做了长年充足准备，如果有一天他真的举大旗明目张胆地造反，到那个时候才想到去做准备反击朝廷会非常被动。所以借着在江西剿匪的机会，王阳明不动声色地做了一些布局。等到朱宸濠真的造反时，王阳明采用围魏救赵的计策，反捣朱宸濠的南昌老巢。朱宸濠没有想到王阳明这么快就抓住了他的要害，慌忙杀回马枪，要救南昌，不想在返回的途中中了王阳明的埋伏，被生擒了。整个叛乱没有持续两个月，就被王阳明干净利索地处理掉了。

王阳明一向善于主动发现问题并创造性地解决问题，而且他极其善于抓准时机，一击即中。这是一种沉厚的激情。

朱宸濠的叛乱是要夺取朱厚照的江山，现在王阳明平定了朱宸濠的叛乱，按道理朱厚照应该对王阳明心怀感激，大加赏赐。谁料朱厚照给王阳明下了一道让人哭笑不得的圣旨：让王阳明把朱宸濠按照要求放了，自己再亲自率兵去抓。这种类似孩子过家家的游戏心态，居然是为了把平定朱宸濠的功劳揽到自己的头上。

再加上朱厚照身边的一堆宦官奸臣推波助澜，陷害王阳明，步步紧逼，最终王阳明做了让步。由此王阳明和他的弟子们都看清了一个事实：在朝廷，立功和获得相应的肯定是两回事，如果不能在当权者身边溜须拍马，付出再大的努力、立下再大的功劳也是枉然。但王阳明做事的出发点从来不是外在的肯定，而是自己的良知！

1528年，嘉靖七年。这一年，已经快走到生命终点的王阳明，给当时的皇帝朱厚熜上了一封奏折，恳请皇帝恩准他离开广西，回到自己的故乡浙江绍兴。

是的，当初屡建奇功的王阳明非但没有得到重赏，朝廷还不顾他肺病虚弱，硬要他去当时条件恶劣的广西剿匪。他的弟子们都劝他不要去，因为当时王阳明的身体状况很糟糕，不一定能适应广西的环境，何况还要担负剿匪的重任。就算剿匪成功，之后还要应对朝廷各处射来的冷箭。这种破事儿，他们太有经验了。

王阳明还是义无反顾地去了，在常人看来这多少有点儿自虐，因为朝廷始终没有公平地对待过王阳明。但王阳明不这么认为，杀贼保太平，义不容辞，“良知”一直是他行为做事的出发点。因为身体虚弱，王阳明带了一位医生同去广西，没有想到到了广西，同行的医生自己先水土不服病倒了，随后辞职离开。王阳明则凭借自己坚强的意志坚持了下来，用他自己的话说，当时浑身都是肿毒，从早到晚咳嗽不停，恶心呕吐，吃不下饭，只能强忍着喝点儿稀粥，稍微多吃一些就要反胃。毫无意外，富有经验、兼备军事才能和攻心计谋的王阳明很快平定了广西的匪患，但他付出的代价是身体彻底垮掉。

朱厚熜给了他一些奖赏，有一次是纹银50两，却迟迟没有批准王阳明的辞职申请，更没有意愿重新评定王阳明的贡献。王阳明不在乎这些，但他再也不能拖下去了，他必须回到故土，而不是葬身他乡。王阳明决然地踏上了最后的归乡之路，这件事后来竟然成为各路奸臣小人攻击他的一个由头。

漫漫归途，王阳明最终没能实现自己最后的愿望，还没有进入浙江，就在江西——这个自己曾经屡建奇功却从来没有获得相应肯定的地方，永远闭上了眼睛。

王阳明开创的心学，直到今天在海内外仍然发挥着巨大的影响力！

为什么这么多企业家热衷于学习王阳明

有才气，还有不向现实妥协的进取心，具备这两个特点的人往往注定人生颇多坎坷和挫折，许多企业家是这样的人，王阳明更是这样的人。

王阳明得罪了大宦官刘瑾，被人追杀，最后不得不伪造自杀现场逃过一劫。

王阳明被朝廷贬到当时环境恶劣的贵州龙场，按常理倒霉到极点时应该认识到现实的黑暗和残酷，悲观失望。然而王阳明没有，他反倒在荒凉的龙场悟道，实现“认知升级”，把挫折变成人生的转折点，再次迎来人生新高度。

我们能从一些更具体的事例看出王阳明在今天备受企业家推崇的原因。

王阳明立过大功，平定了宁王朱宸濠的叛乱，剿灭和收降了很多山贼，而且这些行动是在没有朝廷全力支持，甚至有小人层层阻挠的情况下完成的。其中对于宁王的叛乱处理得尤其微妙，因为朱宸濠造反蓄谋已久，要想平定他的叛乱，时机的拿捏在当时复杂的形势下简直就是种艺术。

如果提早做出防范调兵遣将，把这件事情摆到明面上来，一不留神就会被扣上加害皇亲国戚的帽子，还要入大牢吃官司，但要完全等到宁王正式宣布造反时再去准备就来不及了。

王阳明的特点在这个时候就表现出来了。

一是以解决问题为中心，没有皇帝主动授意，早早做准备。（真正出色的豪杰自会审时度势，主动发现问题、解决问题，怎么可能只等着老板安排任务呢。）

二是抓准时机直击问题要害，没有在事情发生之前占着道德制高点哭天抢地让皇帝难堪（企业家除了关注业务还常常得花精力安抚这些受伤的人，真累），也没有等着问题恶化然后幸灾乐祸地到处吹嘘自己有先见之明（发现问题总比解决问题容易，而且更容易显得聪明）。

三是非常善于创造性地解决问题（注意这个表述，这是王阳明心学没有只留于“内圣”而能“外王”并为后世推崇的一个关键）。在没有朝廷重兵支持的情况下，王阳明采用围魏救赵的方法，在朱宸濠得意扬扬准备远征时，捣了他的老巢南昌。朱宸濠慌了神连忙回来救南昌，没有想到狡猾的王阳明在他回家的路上伏击了他，不久之后朱宸濠就被王阳明活捉了。

一个圣人怎么能这么“狡猾”呢？

对，王阳明就是中国历史上很少能够做到“内圣外王”的人之一。

他首先是圣，剿匪时，他不会轻易杀生，而是要唤起江洋大盗心中的“良知”，比如大盗黄金巢和卢珂就真的被他一纸文书唤醒了良知而归降。但如果不吃这一套，那对不起，王阳明“王”的威力就显露出来了，他总会“致良知”地、创造性地解决问题（请再次注意这个表述），出其不意地把那些屡剿不灭的山贼杀个片甲不留。

朝廷没有给王阳明应有的肯定，甚至在平定宁王叛乱后提出了要他把宁王放了，让皇帝亲自去捉拿这样让人哭笑不得的要求，换了别人面对这样的荒唐皇帝、荒唐制度早就摔饭碗不干了，但这时王阳明“圣”的一面就体现出来，无论是直面军情的凶险，还是面对朝廷的不公正待遇，他都能回归内心“致良知”。这让王阳明人生几起几伏却越挫越勇。

这是王阳明有别于很多历史大儒的地方。由此很多人坚定了自己的信念：天行健，君子当自强不息。而这生生不息的自强之源，正来自我们的心灵。

企业家喜欢王阳明，但同时我们也要警惕另一种倾向：神化王阳明，须知，王阳明是强烈反对这种倾向的。放到今天，王阳明一定是创新的典范，他从不认为前人、先师、圣贤、佛道终结了真理，反之要保持一种开放的心态，不然就不会有阳明心学。

最后顺带澄清一下，不少人认为“知行合一”是关于认知和行动的问题，其实这里的“知”是王阳明口中的“良知”，而不是常规意义的“认知”，理解这点是理解阳明心学的关键。

“小曲”和“大部头”

如果你想让孩子对古典音乐产生兴趣，那不妨让他听听巴哈贝尔的《卡农》，这可是极好的古典音乐入门曲目。对只喜欢流行音乐的听众来说，《卡农》是他们为数不多能够听得进去的古典音乐作品。

这首曲子并不长，三五分钟就能演奏完。自诞生以来，《卡农》被改编为很多版本演绎，你很容易在网络上找到它的数千个“变种”，这还不包括随处可闻的手机或者闹钟的“卡农”铃声。

许多影视作品，比如《凡夫俗子》《肖申克的救赎》《我的野蛮女友》，也纷纷采用这首曲子将剧情推向高潮。

如此优美的《卡农》，关于它的传闻自然不少。该曲作者巴哈贝尔生活在300多年前，比巴赫还要早，他曾是巴赫兄长的老师。由于年代久远，关于巴哈贝尔的生平资料不太多，这倒给了多情的后人很大的空间去想象《卡农》的故事。

其中一个没有太多剧情的版本反而让人喜欢，也许因为它更真实地体现了巴哈贝尔创作《卡农》的心境。

巴哈贝尔的第一任妻子和他们的孩子死于一场瘟疫，这对巴哈贝尔造成了沉重的打击，但他没有因此而消沉。

一天，一阵雷雨袭来，闪电撕天裂地，天空一时昏暗浊闷，让人透不过气来。雷雨过后，巴哈贝尔抬头看到乌云逐渐散开，太阳露出笑脸，闻着雨后泥土绿树的清香，巴哈贝尔突然很受触动，然后应景地写下了《卡农》。

所以《卡农》用很舒缓的调子一点一点地营造出升腾的氛围，听来渐渐会有云开日出、光芒万丈的感觉。

这种蕴藏在平常之中，甚至是从失意萌芽出来的激情，赋予我们勇气直面惨淡的人生，也许这就是《卡农》能引发如此多共鸣的原因吧！

1824 年 5 月 7 日，对贝多芬来说这真是个烦躁不安的日子。在这一天，他的《第九交响曲》即将在维也纳首演，此时距离《第八交响曲》的首演已经过去 10 年之久。

在这漫长的 10 多年间，贝多芬一直没有推出大部头的交响乐，以至维也纳流言四起，人们议论纷纷，认为年过半百、失聪的贝多芬再没有能力创作伟大的作品。

为什么会这样呢？

贝多芬的传记影片都将此归罪于他那个不争气的侄子。在《复制贝多芬》里，贝多芬溺爱他的侄子卡尔，期望把他培养为音乐家，尽管卡尔自认没有音乐天赋，而更愿意从军，但贝多芬仍然坚持要卡尔练琴，甚至为他张罗音乐会。但卡尔只会偷用贝多芬的钱去吃喝嫖赌。

《永恒的爱人》则笔法春秋地暗示卡尔实际是贝多芬的私生子，因此性格暴躁、不近人情的贝多芬才会倾注如此多的心血培养卡尔这个一无是处的人。

总之一句话，卡尔是扶不起的阿斗，但贝多芬明知事不可为而强为之，因此浪费了自己的大好时光。但无论怎样，在消沉10多年后，贝多芬还是推出了《第九交响曲》。

每一部传记影片都浓墨重彩地描写了《第九交响曲》演出的盛况，只是侧重点有所不同。

在《复制贝多芬》里，演出前的贝多芬异常消沉，他把替他誊写乐稿的女抄写员安娜叫到后台，先随口问问维也纳的权贵、同行到场没有，安娜安慰他说都到了。但显然贝多芬的重点不在这里，而后，他关切地问卡尔到了没有？安娜诚实地回答没有。贝多芬立刻为卡尔的缺席找了个借口。

随即贝多芬再也控制不住情绪，抽泣起来抱怨上帝的不公，他从小就在酒鬼父亲的打骂中学习音乐，但当他把最美妙的音乐带给世人时，上帝偏偏让他丧失了音乐家最宝贵的能力——听力。

这真是个悲剧——唯有贝多芬本人听不见自己创作的伟大作品！

最终，贝多芬还是强打精神走上了指挥台，他低头默默念了句：音乐从此永远改变！

《第九交响曲》在乐队的碎弓中拉开序幕，随后气势恢宏的乐章如闪电而至，影片亮出字幕——贝多芬《第九交响曲》，场景一下就从一个琐碎的日常故事跃升为宏大的历史篇章。

影片中，安娜被安排躲在乐队里面，贝多芬竟然看着安娜的手势，越发有了激情，出色地完成了《第九交响曲》的指挥（这虚构得也太大胆了）。

相比之下，《永恒的爱人》更忠于史实。真实的演出中贝多芬没有担任指挥，他听不见了，指挥根本就是力不从心的事情。

在《永恒的爱人》中，不是指挥的贝多芬也走上了演出的舞台，但影片的镜头并没有完全停留在舞台上，而是追溯到贝多芬的童年。

贝多芬醉酒的父亲踉踉跄跄回到家，眼看就要抓住小贝多芬暴揍一顿。可怜的小贝多芬翻窗逃出了家门，在夜色下一路狂奔，跑过小树林，直到一个小湖边。他脱下衣服，然后面朝天空，双手伸直张开，漂在湖面上。

影片巧妙地构思了一个镜头，让满天星河倒映在湖中，然后镜头逐渐拉远，贝多芬仿佛就消失在星河之中。

史诗气质扑面而来！

两部传记电影无论从哪个角度表现贝多芬和《第九交响曲》，高潮选取的都是“欢乐颂”的部分。

欢乐女神圣洁美丽，
灿烂光芒照大地；
我们心中充满热情，
来到你的圣殿里。
你的力量能使人们，
消除一切分歧；
在你光辉照耀下面，
四海之内皆成兄弟。

这正是贝多芬根据席勒原诗谱写的《第九交响曲·合唱》。

这部伟大的作品出自一个在酒鬼父亲棍棒下长大、写出美妙乐章而又失去听觉、终身未婚又被一个不争气侄子耗尽精力的音乐家之手。

《第九交响曲》在维也纳的首演大获成功，据说贝多芬当晚谢幕五次，之后更成为交响乐历史上的丰碑，许多大指挥家，如卡拉扬、阿巴多、富尔特文格勒，都倾尽心血去诠释这部作品。在很多有历史意义的场合，例如两德统一时，《第九交响曲》也被奉为首选演出。

据说，索尼和飞利浦当初设计发明CD，就是为了正好把贝多芬《第九交响曲》录制完整。

人永远是兽性、人性和神性的统一体，所谓激情，就是我们尽可能挣脱兽性甚至人性的约束，去追求神性的光辉！

也正因为如此，那些富有激情的作品，才不会喋喋不休地抱怨人类在俗世中遭遇的冷落、屈辱和苦难。取而代之的，竟是越挫越勇，越经历苦难越有对光明的无限憧憬和前行的勇气！

在《永恒的爱人》中，有一个小桥段对此做了很好的诠释。女抄写员安娜亲身体验过贝多芬的粗暴无礼，所以她很好奇地问贝多芬的邻居老太太，既然贝多芬这么不近人情，或者说现实里是个很不讨人喜欢的“讨厌鬼”，那为什么老太太这么多年还愿意和贝多芬成为邻居呢？老太太满脸幸福微笑着回答说：“因为他的伟大作品，我一直是第一个听众！”

音乐究竟是不是纯粹的时间艺术？

音乐常被视作一种纯粹的时间艺术，并被视为最容易和人类灵魂产生共鸣的艺术形式，因为两者的共同特征只在时间中存在。但我认为，音乐并非纯粹的时间艺术，灵魂也不仅仅只在时间中存在。

如前所述，我们的灵魂从来没有脱离过我们的肉身，而我们的肉身一直在一种空间存在，非但如此，我们的肉身从来没有脱离过具体的生活场景，也从来没有脱离过它所处的现实世界。

作为人，我们自始至终处在一个接着一个的故事中，无论这些故事趣味盎然还是索然无味；处在一个接着一个的具体时空场景中，无论这些场景是瑰丽绚烂还是单调平凡，都在演绎我们生命的故事！

让我们试着用进化心理学对此做进一步解释。

在人类的进化中，视觉一直是我们捕捉信息、获取意义的最主要途径。

毫无疑问，视觉捕捉的是空间信息。最先是一个又一个具体的画面，比如落日余晖下的大草原、狂奔追捕猎物的猎手、熊熊燃烧的森林大火……

这种进化产生的影响根深蒂固，以至到了今天，很多人在听音乐时，尤其是没有歌词的纯音乐，比如古典音乐，都不禁会问，这段音乐究竟表现的是什么？

在问这个问题时，其实太多人总想把音乐，尤其是难以理解的古典音乐还原为容易理解的视觉画面。例如圣·桑的《天鹅》，人们会觉得这段曲子表现的是游弋在湖面上的一只天鹅，这样才好理解。

但绝大多数纯音乐并非如此，它们没有什么明确的主题，这就会让很多人感到困惑，例如不少人难以理解贝多芬的《第九交响曲》，他们根本无法把这些音乐与具体的视觉体验联系起来。

具体的视觉体验确实是最容易理解的，但这并不意味人类的理解水平局限于此。

随着人类的进化，语言出现，人们逐渐学会了抽象思维，这帮助人们超越了现实的视觉感受，从而感受到一些抽象的存在，比如节奏、韵律、频次……

节奏或者韵律听起来与时间相关，因为衡量它们的基本维度就是时间。实际上这是一个误解，我们必须注意一个事实：时间是均匀流逝的，只有空间才能呈现丰富的韵律感和节奏感。歌德曾经说过：音乐是流动的建筑，建筑是凝固的音乐。

有时我们也会感受到时间的节奏感和韵律感，比如，准备一场高难度的考试让我们感到度日如年，而和心爱的人在一起又会觉得时光如梭。

当我们看巴特农神庙、西斯廷大教堂、万里长城、鸟巢……节奏感和韵律感扑面而来，对于空间艺术的体会更深。

即使没有接受过正式的审美教育，普通人也可以轻易感受到《清明上河图》、梵高的《星空》和毕加索的《格尔尼卡》在韵律感和节奏感方面有显著的不同。

我们更容易理解空间画面，尤其是对我们自己身体的韵律，比如心跳，以及常见物的韵律，比如日出日落，更有一种本原的亲近感。

初看音乐似乎脱离了空间，难以做到视觉呈现，这让音乐，尤其是纯粹的乐曲，相较于其他艺术形式更难理解。你无法完全把纯粹的音乐还原为最基本的视觉画面，即便听到的音乐标题为日落，你仍然无法把音符和真实看到的日落形状或者颜色对应起来……

难道音乐和视觉艺术之间真的是泾渭分明、秋毫无犯的吗？当然不是，悉心揣摩，你可以感觉到纯粹的音乐和视觉经验实质上有相通之处，也就是上文谈到的韵律和节奏。

在为意识所迅速捕捉的层面上，视觉艺术，例如绘画、雕塑的表现形式是形状和颜色，而音乐则是音符，两者之间确实存在不同。但归根结底，绘画、雕塑、建筑和音乐都展现了韵律、节奏、频次，并同样通过这些深层次的表现进一步构建意义（可以翻回去回味一下我们在玄奘那一章节谈到的意义）。

前面我们谈欧文·亚隆和存在主义心理疗法时聊过，世界是无意义的，人却是一种意义构建的动物。其实，欧文·亚隆还谈到了重要的一点：人是无比孤独的，即使身处热闹的人群也不能抵消这种生命底子里的孤独感。

艺术则可以让我们在审美的一瞬间不再孤独。

对艺术真正的欣赏一定是超越艺术具体的物理表现形式——无论是音乐的音符还是绘画、雕塑的形状和颜色，都超越了这些物理表现形式堆砌起来的内容，而指向更高层次的意义构建。显然，当你被梵高的《向日葵》感动，那种震撼绝对不是因为你从没有看到过绚烂的色彩，或是没有看到过向日葵，而竟然需要通过这幅画来认知这种植物。事实是，如果你在田野里看到相似的向日葵，也难以感受到画作带来的震撼。

你体会到的震撼，是通过《向日葵》构建起来的意义，以及画作对你潜意识发生作用的节奏、韵律等。

艺术构建的意义全部体现在艺术的具体形式之外，它最终会和我们在日常生活中构建沉淀的意义产生共鸣，那一刻，我们就进入了审美陶醉的状态。

从此，我们不再感到孤独，而是激情澎湃！

推荐一些令人激情澎湃的曲目：

1.《第九交响曲·合唱》贝多芬

2.《帕格尼尼狂想曲》拉赫玛尼诺夫

3.《卡农》巴哈贝尔

4.《D 大调小提琴协奏曲》柴可夫斯基

5.《降 B 小调第一钢琴协奏曲》柴可夫斯基

6.《谜语变奏曲》埃尔加

7.《第三交响曲·英雄》贝多芬

8.《无伴奏大提琴组曲第一号》巴赫

9.《海阔天空》Beyond

10. *My Love* 西域男孩

11. *Right here waiting* 理查德·马克斯

12. *You raise me up* 西域男孩

13. *Back to Titanic* 詹姆斯·霍勒

14.《今夜无人入眠》普契尼

15. *I will always love you* 惠特妮·休斯顿

工业革命

今天，创新可是个热词。在许多人看来，创新就像曾经的神一样，无所不能，能够跨越一切障碍，解决一切困难，给人一种可以依靠的安全感。

比如，乐观的人会兴致勃勃地谈到，因为有了飞机这项创新，现在绕地球转一圈，跨山越海，也不过两三天的时间。

这当然没错，但持有这种观点的人似乎忘记了一些事，例如流感之类的传染病跟着飞机活蹦乱跳地跑遍全球同样不过两三天的事。

因此，我们要以回到事实本身报以实证的态度，拿出一些铁证以证明创新的重要性。证明创新绝非专家摇头晃脑念出来的魔咒，也不是在沙龙酒会上用来装点文雅的修饰，创新绝对是一个值得长久关注的重要话题。

从公元前 1 万年到公元 2000 年，全球人口数量增长趋势变化如图 1 所示。

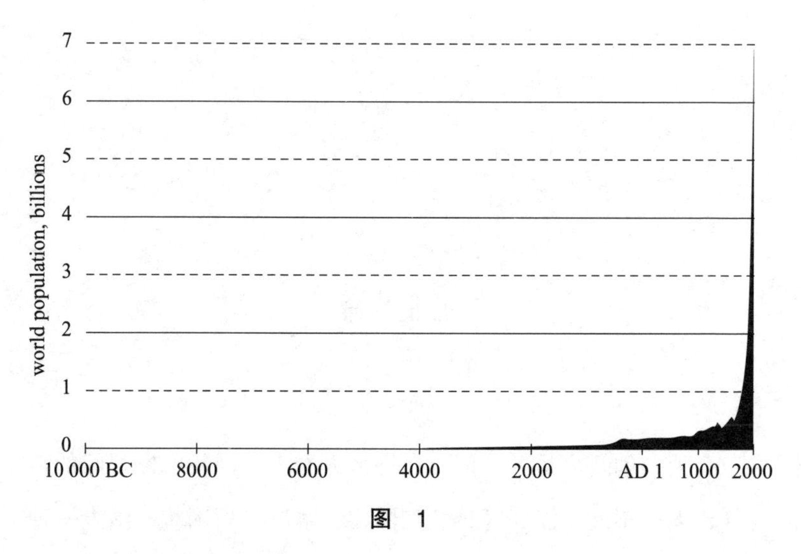

图 1

资料来源：美国人口普查局

这张图直观地显示，在1万多年的岁月里，全球人口数量增长趋势没有太明显的变化，就像蜗牛一样，你耐着性子观察了很久，它只是缓慢地爬行。有些进步，但这种进步也不会给你太大的惊喜。

这种情况在18－19世纪发生了转变，人口数量增长趋势出现了一个大拐点，全球人口急剧增加，到今天已经突破70亿大关。18－19世纪究竟发生了什么呢，竟然能魔术般地推动人口数量爆发式增长？

答案是工业革命，关于这个问题，翻过历史书的小学生就可以轻易作答。工业革命以改良蒸汽机为始，迎来了一个波澜壮阔的创新时代。在这个时代，因为创新，我们能种更多的粮食、养更多的家畜，并能把粮食和家畜运到更远的地方。

我们还发明了青霉素等药品，许多徘徊在鬼门关的人又被救了回来，现在反过来，我们又在反对滥用抗生素，担忧人口老龄化问题。我们还架起高大的井架，开采石油，建设道路，让昔日满是猪屎马粪、臭气熏天的泥泞街道变得宽阔平坦，汽车在街道间顺畅行驶，它的速度轻易就能将千里马远远地甩在后面。当然，我们也利用创新制造了大规模杀伤性武器，但这丝毫没有阻挡全球人口数量剧增的步伐。在这 200 年的时间里，小小的地球上已经塞下了 70 多亿人。

这一切均拜创新所赐！历史有力地证明，创新与我们的生存和发展息息相关。

顺带说一下，图 1 所反映的全球人口数量增长方式正是典型的指数级增长。开始增长得非常缓慢，甚至略有下降，一旦增长过一个大拐点，就会成百上千倍甚至上万倍地爆发式增长，这和线性增长形成鲜明的对比。

今天，互联网之所以比其他高科技更受关注，核心原因正在于互联网造就了更多的指数级增长。

培根与柯克

在《培根随笔》中，谈到婚姻，开头的第一句，培根是这么说的："一个人如果有了妻儿老小，就相当于把自己的未来抵押出去了。不管是行善还是作恶，他都再难成气候。往往那些光棍一条、膝下无儿无女的人，才能成就影响万民的大事"。显然，培根是有感而发，他在 36 岁那年疯狂地追求一位年轻、富有的寡妇伊丽莎白·哈顿。

我们无从得知培根究竟有多爱她，只是历史记载显示，培根是个爱财如命的人。

接下来发生的事情让培根非常受伤，富有的伊丽莎白拒绝了他。这也就算了，让培根最难以释怀的是，伊丽莎白竟然带着钱财投身到培根一生的宿敌——爱德华·柯克的怀抱里。

在培根看来，这是绝对不可原谅的。因此我们不难理解为什么之后培根会对柯克落井下石，在柯克落难时，培根不遗余力地怂恿英国上层力量把柯克赶出政界。

一报还一报，培根 60 岁时，爱财的他终于背上了贿赂的罪名。柯克一点儿也没客气，抓准机会，在这场风波中煽风点火，最后让培根身败名裂，5 年后培根去世。

这两个生活在 17 世纪的英国男人，浅谈几句他们的恩恩怨怨绝不是因为我们想把这种相互伤害和争风吃醋等同于激情，只是因为我们要谈到人类激情的演化实在绕不开这两个争风吃醋的英国男人。

先聊聊大名鼎鼎的培根。

培根的传记作者威廉姆·费沃斯·迪克逊曾经这样赞美培根："培根是这样的伟大，在我们如今的世界里，当我们坐上火车，发送电报，使用蒸汽犁，坐在舒适的椅子里，穿越大西洋隧道，享用美食，在美丽的花园中漫步，或者经历无痛手术时，这都要归功于培根。"

这样的赞誉简直把培根捧成了神一样的人物，仿佛整个现代世界都是培根缔造的。确实言过其实了，但也并非全然没有道理，因为培根从思想和方法论上为现代科学的崛起奠定了基础。

从古希腊到中世纪漫长的千年里，人类的思想都是飘荡在天上的。虽然亚里士多德尽力克服了他的老师柏拉图思想里所谓“不接地气”的内容，但他本人也没有好到哪里去。前面我们聊伽利略时就谈到过这种毛病，亚里士多德甚至没有认真地数过男人和女人的牙齿，就对两者的牙齿数量下了一个武断的结论。要命的是，这个稍加留意就可以验证的错误，居然在漫长的千年里被人们当作真理接受下来。类似的问题不胜枚举。

人类都想掌握真理，不过人类很懒，当他们觉得真理比较难以把握时，更方便、更简单的做法是相信甚至迷信那些大家公认掌握真理的人。比如亚里士多德，即便他那些所谓的真理其实稍加验证就可以推翻。为什么亚里士多德会被视为掌握了真理的人呢？

有很多原因。其中一个重要的原因在于，亚里士多德的著作体现了非常精巧的逻辑结构，他善于演绎逻辑，更善于研究思想的形式。这就像一个杰出的画工，他的笔法令人惊叹，画猫是猫，画虎是虎，观者佩服得五体投地，以至把他精妙的笔法表现当作了真实。这样当他画出龙、画出巨人、画出精灵等现实世界里并不存在的东西时，人们居然信以为真，认为画作中的事物就是真实存在的。

培根告诉我们，醒醒吧，那都是假的，不要因为思维形式的精巧而冒失地接受了结论，要想认识世界，演绎逻辑是不够的，还得重视归纳逻辑。

也就是说，真正观察过很多老虎，了解了它们的行踪，解剖了它们的躯体，做过很多实验，才能确信虎这种动物的存在，才能逐渐归纳它的各种特征，并在此基础上构建关于老虎的科学。

但如果我们不曾解剖，甚至不曾见过一条龙，那对龙的研究就要排除在科学之外，无论有多少画家、雕刻家、文学家曾经栩栩如生地描绘过它，龙都不能被纳入自然科学研究的范畴，当然也就不会有关于龙的科学知识。

培根提供了新的思想和方法论，尤其是科学实验和归纳法，从此科学研究的规范才逐步确立起来。我们从相信神，继而到相信类似亚里士多德这样的圣人，终于转变到直接相信自然本身。

这次终于对路了，人类在漫长的进化中，先是相信神，时间以万年计，继而相信圣贤，时间以千年计。这除了源自人类早期的愚昧无知，多少还跟懒惰有关，人们相信可以直接从神或者圣贤那里得到真理。

试想一下，怀着虔诚的心，摆上祭坛，做法几天，就可以得到神的启示，多方便啊。但用同样的方法，自然不会告诉你任何真理。

很多感人的典故描述了求知者用类似断臂立雪的方法获得圣人的同情认可，从而获得圣人传授的真理，但你不可能用同样的方法感动自然。

向自然叩问真理的道路确实很不容易，培根之后的科学发展路径表明，这需要付出时间、投入钱财，还要磨耗智慧，绕过迷路，最后才好不容易得出几条所谓的真理。事情还没完，许多这样的真理从诞生那天起就等着被推翻。

是不是很麻烦、很恼人、成本很高？真理确实来之不易。但关键是，一旦从自然叩问出真理，它就可以真实地改变自然。人们因此可以获得更多的食物，战胜疾病，延长寿命，迅速迁移，远隔千山万水即时联系……从此历史才真正进入激情燃烧的岁月。

说培根缔造了现代世界言过其实，但他的贡献确实不小，所以不难理解培根的拥护者为何对他如此顶膜礼拜，以至把他的死都描绘得具有“培根哲学”的意味，直接面向自然叩问真理的色彩。

按照约翰·阿布力的描述，培根 65 岁时，他很勇敢地在严冬时节到雪地里去做实验，看看严寒是不是有助于肉食长久的储存。培根是对的，严寒确实可以延缓动物尸体的腐化，但很不幸，年迈的培根因此肺病发作，撒手人寰。

作为培根的宿敌，柯克恨不得培根说白的，他立刻说成是黑的。总之，这对冤家一生都在作对。但今天我们回过头去看会戏剧性地发现，这对冤家做出的贡献恰好互补，完美地推动了人类的进击。

能成为培根的宿敌，柯克自然也不是泛泛之辈，他是英国著名的法学家，曾被任命为首席大法官。

在柯克去世一个多世纪后，美国的政治家、律师约翰·拉特利奇盛赞柯克，称他几乎奠基了人类的法律。在此我不想太费笔墨探究柯克究竟怎样奠基了现代法律，只想把关注点放在他对专利法的贡献上。

1602 年，英国商人托马斯·阿联被爱德华·达西告上法庭，原因是他擅自进口了一批纸牌用于销售。

用今天的眼光来看，这很荒唐，满大街商店不都在销售纸牌吗？为什么销售纸牌居然能够引起纠纷，还要闹上法庭？

这是今天的情况，400多年前的英国可不是这样，那时很多行业都由王室授权经营。以纸牌为例，英国国王把纸牌销售的专卖权准许给了爱德华·达西，只有他销售纸牌才是合法的，当然作为回报达西要向国王缴纳巨额费用。

柯克成为达西的代理律师，这个看似简单的案子却让柯克非常纠结。

首先，达西获得了国王特许的专卖权，在道理上就占上风。其次，柯克是达西的代理律师，本就有义务和责任帮达西打赢官司。那有什么好纠结的呢？

柯克纠结的地方在于，他是以反对这套玩法而著称的。柯克不反对垄断经营，但他认为垄断经营首先考虑的不应是国王的利益，而是对社会经济的影响，或者说，要考虑到垄断经营是不是促进了创新，推动了社会经济的发展。

这个案子最终以达西败诉告终，不知道柯克为此感到欢欣还是懊恼。

最后判决的陈述表露了这样一种精神：如果国王要授予某人某项生意的垄断经营权，除非此人在经营这些生意时体现了创新精神，比别人更有优势，否则国王不可以因某些人的私利而做这事。

这个判决不仅深深影响了柯克，而且深深影响了20余年后英国一项重要法规的出台。

20余年后，历史发生了戏剧性的变化，柯克被任命为首席大法官，起草《垄断法案》。

1624年5月29日，在柯克的主导下，英国近代第一部真正意义上的专利法《垄断法案》诞生。

其中，有非常重要的一条：如果一个人真正为国家提供了发明创造，那么国王可以授予这个人特许经营的权利，条件是这个人要是真正的发明者，而且他必须是首位申请这项专利的人。

虽然在此之前，威尼斯共和国也颁布过类似专利法的条例，但英国的这部《垄断法案》是真正意义上的法律，并最终推动了人类科技发明的进程，推动工业革命，继而把人类引入一个激情迸发的时代。

前文中讨论过，古希腊人敏感地洞察到了人类能力的边界，而感受到人生的悲剧，此后，人类就在为拓宽人的界限而不懈地努力。

人们祈求过神，寄希望于圣人，包括梦想通过远征获得改变命运的魔力……

最终人们发现，要以自然为师，叩问自然，从自然那里获得真理，才能真正有效地改变自然。在这个方向上，培根推动了关键的进程！

但问题不在于认识世界，而在于改变世界。想要改变世界，仅仅停留在科学认知的层面远远不够，还需要把科学真理融汇到技术发明中去。能让我们旅行的是火车、飞机，而不是牛顿三大定律；能让我们填饱肚子的是杂交水稻、温室蔬菜，而不是植物学理论；能让我们远隔千里即时联系的是电话、互联网，而不是信息学理论……

尽管科学真理是许多伟大发明创造的必要条件，但从科学真理到实际改变世界的发明创造还有漫长的道路要走，其中的征程要付出心血、汗水、钱财、智慧甚至生命。

今天我们看到很多风光的发明创造仿佛都是源于发明者的才智，他们如阿基米德一样在洗澡时茅塞顿开或者如牛顿被苹果砸中时灵光一闪，然后创造出伟大的奇迹。其实这只是为了渲染传奇编出来的故事，每个发明创造背后的巨大付出足以令人敬畏。下文聊到瓦特时，你就能感受到这一点。

创新是一件极其冒险的事情，所谓一将功成万骨枯，每项真正改变世界的重要创新发明背后都有难以计数的艰辛付出。创新又是如此重要。正如前文以人口数量统计为证，有力地论证了创新让这个世界变得更美好的重要意义。

专利法的诞生犹如在创新火热的进程中泼洒了汽油。倘若没有专利法保障，创新者即便把创新成果拿出来，也会很快被他人复制仿造，创新者从中获利不会远远超过其他人，甚至不及投机者，那么创新者难有激情投入容易失败又耗费成本的创新。

创新者只有看到能通过创新取得成功，专利的保障可以让自己从创新中获取超额回报，如此这般他们才有勇气去冒险，面对失败损耗的不菲成本，探索更多更有利于改变世界的创新。这就如大航海时代，香料贸易的高额回报刺激人们铤而走险不惜付出生命的代价。只是这次人们发现了贸易之外另一种获得财富的方式：把握真理，并把真理转换为改变世界的发明创造。这种方式不但回报高，而且持续稳定！

至此，人类的激情史就翻开了一个新篇章。

如果单从生理和心理的角度说，激情很难持续：头脑一热很有劲，但热度往往就三分钟。

在古代，大多数人挣扎在温饱线甚至生死边缘，他们的人生中很难谈到激情，只能算是“活着”。零星几个有激情的人，往往也是偶发的，因为古人欠缺未来观和发展观，他们不会梦想二三十年后自己的生活能与今天有什么不同，也不会梦想自己的生活能与自己的父辈有什么不同，整个世界看起来就是循环往复。今天重复昨天，明天重复今天；孙辈重复子辈，子辈重复父辈。

但从工业革命开始，人们的生活逐渐发生变化，跨过生存线，越来越多的人富有起来，可买的商品也越来越丰富，人们更多地关注生活的品质，关注明天可能发生的不同……

“未来”一词在人们的生命中越来越有意味，而这一切都是因为创新的兴盛。

所以，感谢这对冤家吧。因为培根，我们学会了正确地叩问自然的真理；因为柯克，我们能更快地把这些真理转化为改变世界的发明创造。

忘掉这对冤家曾经为了一个年轻的寡妇争风吃醋。谢天谢地，他们的才华没有被浪费掉，虽然他们在现实里争斗得你死我活，但冥冥中他们的才华和成就居然配合起来改写了人类激情的进程。

用培根自己的话说：研究真理、认识真理和相信真理，乃是人性中的最高美德。

瓦特与博尔顿

1769 年 1 月，就在柯克主导的《垄断法案》颁布一个多世纪后，英国皇家专利局将专利号为 913 的专利权颁给了一个 30 多岁的发明家，他就是詹姆斯·瓦特，这项专利是关于蒸汽机降低蒸汽消耗的方法。

拿到专利权的瓦特满心欢喜，多年投入后总算是有了一个收获，他很想找人分享自己的喜悦。但瓦特并没有跑去找自己当时的合伙人路巴克，而是立刻去见了一个谋面不久的朋友——马修·博尔顿。

为什么这两个人如此意气相投呢？

先说瓦特这位众所周知的大人物，在查尔斯·默里所著的《人类成就》一书中，瓦特和爱迪生在技术类历史人物中并列第一。

我们对瓦特的贡献并不陌生，一个常见的传说是瓦特发明了蒸汽机。不过我们还是要稍微澄清一下：瓦特并没有发明蒸汽机，他只是改良了蒸汽机，让蒸汽机更高效、更安全，可以在更广泛的范围内应用。

在瓦特取得决定性的成就之前，就有不少聪明人不遗余力地尝试推动蒸汽机在工业中的应用。英国盛产煤，因为燃烧同等重量的煤要比燃烧同等重量的木材释放更多的热量，所以无论是民用还是商用，煤都备受欢迎。这也导致煤矿的开采量越来越大，往地下越挖越深，因而不可避免地遇到了地下积水的难题。想要正常地推进开采工作，就需要解决矿井排水的问题，早期蒸汽机的主要用途就是排水，开足马力排水真是一等一的好手。

但问题在于，早期的机器效率太低，想要这些大家伙“开工”，不得不首先“喂饱”它们，这就会烧掉很多煤，不但成本高，而且限制了蒸汽机的使用范围，当时只有在煤矿边上，这些大家伙才能便利地“吃饱喝足”有力气干活。

尽管效率很低，但蒸汽机“吃饱”后释放的巨大能量让人叹为观止。因此人们不禁遐想，如果能改良蒸汽机，让它更高效、更安全，继而能应用于更广泛的场景，一定获利颇丰（这种憧憬在蒸汽轮船、蒸汽火车诞生后得到了充分的印证）。

瓦特就是怀揣这一梦想的聪明的发明者之一，他在机器运作方面极具天赋，而且动手能力很强。早年从苏格兰来到伦敦寻找工作机会时，瓦特仅用了 1 年的时间就完成了本来要耗费 7 年才能完成的钟表学徒生涯。当时蒸汽机的改良问题非常热门，和我们今天讨论人工智能、区块链差不多，瓦特一涉足这个领域，就立刻深陷其中不可自拔。

他在 1769 年取得专利权，不过，这也只是一个阶段性胜利，距离蒸汽机真正能大规模应用还有很长的路要走。

那么除了技术问题，瓦特还有什么难题要解决？

显而易见，难题就是一个让人又爱又恨的字眼——钱。

瓦特确实是技术天才，用我们今天的话说，他就是一名极客，但瓦特并不擅长商业，事实上他最讨厌的就是跟人讨论合同或者讨价还价。那么问题来了，翻阅历史我们知道，从 18 世纪 60 年代初瓦特投身蒸汽机改良开始，直到 1776 年第一台真正有商用价值的蒸汽机投入使用。这是一段漫长的投入过程，先不说在蒸汽机发明方面持续巨额的投入，瓦特本人就有一大家子人要养。在 1776 年之前，瓦特的第一次婚姻就孕育了 5 个孩子，而且很不幸，瓦特的第一任妻子没有看到他的成功就因难产去世了。1 个男人养 5 个孩子，难度可想而知。

当然，在蒸汽机改良大获成功之后瓦特确实成了有钱人，他置办房产，带着第二任妻子四处旅行，鼓捣许多出于兴趣的新发明，惬意地活到了 83 岁。但这是后来的事情了，在早期为蒸汽机的改良而奋斗的漫长岁月里，没有人能肯定瓦特付出的巨大努力一定能获得成功，他不停地往里面贴钱，还要做其他工作贴补家用。

瓦特虽然不擅长商业，但聪明的他知道自己需要找一个懂商业的合作伙伴来弥补他这个不足，才好解决那个又爱又恨的难题——钱。

所以瓦特一拿到专利权，就马上去和马修·博尔顿会面。博尔顿也关注蒸汽机的发展，但他更关注钱，很多年以后，他因为和瓦特的合作变得更加富有，还积极推动蒸汽动力在铸币上的应用，帮助东印度公司开足马力铸造了很多硬币，也为皇家造币厂提供了机械设备。

这是后话，早期，博尔顿先要和瓦特携起手来。

他们的通信始于 1766 年，博尔顿深深地被瓦特对蒸汽机的狂热和他的才智吸引了，1768 年两人终于会面，此后博尔顿不遗余力地推进和瓦特的合作，并为瓦特取得决定性的技术胜利，尤其是商业胜利做了很多努力。

瓦特从博尔顿的激情，尤其对商业的敏锐嗅觉上，感到博尔顿应该是自己未来合作伙伴的恰当之选，所以一拿到专利权自然就要先和博尔顿分享。

到了 1772 年，瓦特当时的合伙人约翰·路巴克陷入了财务危机。尽管当时蒸汽机还只是用于矿井排水，看不到更广阔的应用前景，博尔顿还是毫不犹豫地出手，慷慨地从路巴克手里接过了瓦特专利权2/3的股份。

博尔顿甚至比瓦特自己更坚信他的技术天赋，在研发的瓶颈期，俄国政府给瓦特发来一个工作邀请，博尔顿极力劝说瓦特拒绝这个邀请。

1775年，博尔顿和瓦特结成了合伙人，正在这个时候瓦特的不少专利权已经到期，而通过博尔顿的努力，这些专利权又延长到了1800年。

1776年，这对合伙人终于推出了两台改良后的蒸汽机，实践证明机器运转良好，成功地被市场接受。自此不仅翻开了蒸汽机发展史，也翻开了工业革命史，乃至整个人类文明史的新篇章。

当然，如前所述，瓦特和博尔顿都因此变得更加富有，他们都对彼此之间的合作感到非常满意，以至在退休之后还尽力撮合下一代延续这样的合作。

从瓦特和博尔顿的故事中，我们不难理解：为什么专利法对创新的激励作用如此之大。试想一下，如果没有巨额回报的预期，谁会为发明创造加大投入，乃至牺牲自己。

付出数十年心血、历经艰辛最后成为大富翁的瓦特成了专利法最坚定的拥护者。

一个极客天才和一个商业天才的结合，在专利制度和成熟市场的驱动下，成为创业的经典模式，之后我们还会看到这个模式在未来的几个世纪里不断重演，包括推动了硅谷的崛起。例如我们熟知的苹果公司，它正是斯蒂夫·沃兹尼亚克这个极客天才和史蒂夫·乔布斯这个商业天才合作的结晶。

从工业革命开始，这个世界逐渐被一股名为“高科技企业”

的强劲力量驱动发展。这些高科技企业创造了越来越多的就业机会，因此越来越多的人涌入城市，寻找工作，拿到比过去种地或者做小买卖更多的薪酬，过上有品质的生活。

人们越来越富裕，消费能力和消费欲望逐渐增强，反过来又刺激了更多高科技企业出现。

高科技企业发挥的作用是什么呢？它推动了许多重要发明的面世，继而助力了现代城市的崛起，塑造了现代文明的气质。例如铺设的公路让交通更便利，人们花费在出行上的时间大大缩短，由此可以去距离住宅更远的地方工作，这既扩大了人们挑选工作的范围，也扩大了企业挑选人才的范围。又如电梯，不要小看这个发明，如果没有电梯，数十层高的摩天大楼很难普及，让人们每天爬几十层楼很不现实，尽管爬楼有益健康。摩天大楼如雨后春笋般拔地而起，人们可以更密集地聚集在一起工作、生活，这提高了人们沟通和协作的效率，降低了生活成本（抱怨房价高、物价贵只是因为人们没有亲身体会过自己每天不得不跑到很远处去挑水打猎砍柴火的难受滋味）。今天，全球超过半数的人口生活在城市，未来这个比例还会更高。

这一切得益于高科技企业的崛起。因为有专利法等制度的保障，有基础学科研究的持续支持，有商业化、市场化的利益驱动，发明创造不再只是天才基于个人兴趣的产物或者偶然闪现的灵感，它成为持续改变这个世界的中坚力量。

那么，为什么蒸汽机在发明史上如此重要？

前文谈到，古希腊人发现了人和神的边界，意识到人力是有限的，从而催生了悲剧。说来说去，神和人有着显著的不同——神拥有远超人的巨大能量。

古希腊神话如此，大多数神话故事都是如此。

盘古可以开天辟地，夸父可以追日，后羿可以用弓箭射下太阳，孙悟空一个筋斗云可以翻十万八千里……这一切都只是因为神有超凡的能量。

相比之下，人真的太可怜了，自己的能量有限，依靠双腿，一天累死累活也跑不了多远。后来驯化了马、驴等牲畜，但情况也没有显著改善。所以就如动画片里经常演绎的那样："赐予我力量吧！"孩子出于本能渴望获得超凡的能量，这是人类的集体潜意识。

但从何处获取超凡的能量，又如何获取呢？人类一直很迷茫。蒸汽机的广泛应用打破能量的界限，蕴藏在黑漆漆的煤里的能量被发掘出来，成为汽车、火车、轮船和其他更伟大发明的推动力。

这就是赋能！

高楼林立、车水马龙的现代化城市其实是一种巨大能量迸发的具象体现。这些能量本来深藏在地下，历经亿万年的岁月洗礼，曾经一度默默无闻，现在都被科技唤醒，活跃起来，改换人间面貌！

由此，人类激情进入现代化城市文明，财富不再只是通过远征掠夺或者贸易获得，更多的财富在城市里被发明创造出来。从此文明展现出前所未有、波澜壮阔的激情画面。激情本身就是能量的化身！

此外，还有两个重要因素决定了蒸汽机的非凡地位。

首先，蒸汽机在各类发明中处于"枢纽"地位。蒸汽机不是一个孤立的发明，在工业时代，得益于自然科学研究方法的确立和专利制度的推动，大量发明涌现出来，包括矿藏的开采、冶金铸造、其他机械工程等。

这让蒸汽机本身的发明创造成为可能，而且还使蒸汽机发挥出来的超凡能量通过齿轮、杠杆等机械设备传递转化，推动纺织机、蒸汽火车、蒸汽轮船的运行。

工具不再是孤立的工具，它们彼此连接，构成了一个工具网络。这就让能量随之构成了一个能量网络。蒸汽机恰恰成为这个能量网络的“枢纽”（请牢牢记住“连接”和“网络”这两个词）。

其次，发明也构成了一个网络。

绝大多数人注定对蒸汽机这样的工业品提不起兴趣，他们不关心谁发明了蒸汽机，也不在乎蒸汽机是否需要改良，甚至多看几眼喘着粗气、满脸煤灰的蒸汽机都会产生厌恶感。直白点儿说，要大众为蒸汽机的持续改进掏钱是不现实的。

但是，人们期待便利出行，他们抢着买蒸汽火车、蒸汽轮船的票；人们喜欢漂亮的衣服，并且希望这些衣服再便宜一些，因而推动工厂采用高效低价的能源驱动纺织机；人们希望食物丰盛，不再忍饥挨饿，因而推动农场用更有动力的机器替代畜力。

当以蒸汽机为核心的发明网络构建起来，真真切切地改变了人们的生活时，蒸汽机的价值就被各种发明的“杠杆作用”放大了，钱财源源不断地汇聚而来，这样蒸汽机事业就有了持续改进的资本，继而又推动了整个发明网络进一步升级，更好地改善大众的生活和工作。

网络兴起时，以驱动人们美好生活为核心的价值创造进入了一个良性循环！

不过，不要高兴得太早，凡事都有两面，麻烦也才刚刚开始……

斯诺和怀特黑德

1854 年 8 月的一个夜晚，伦敦，宽街。

莎拉·路易斯的宝宝生病了，又拉又吐，尿布就换得更勤了些。像往常千百次所做的那样，她把给孩子洗过尿布的水顺手就倒在了房前的粪坑里。路易斯丝毫不觉得这样做有什么不妥，当时这个城市里的绝大多数人都是这样随便处理脏水的。

路易斯肯定不会意识到，她这个看似平常的举动改变了伦敦这个伟大城市的命运，如果夸张一些，说其改变了现代城市发展的命运也不为过。因为路易斯倒出的这盆脏水里有一种致命的病菌——霍乱弧菌。

霍乱是一种肠道传染病，霍乱弧菌侵入体内后，患者就会腹泻，甚至不进食也会不断地腹泻。如果得不到有效的治疗，患者就会血压下降、脉搏微弱、严重脱水，最后痛苦地死去。

有效治疗霍乱的方法也不是没有人发现过，在此之前，苏格兰的地方医生托马斯·拉塔就采用静脉输液的方式挽救过霍乱患者的性命。

拉塔的方式虽不算彻底，却是真正有效的，但当时很多所谓的“名医”都振振有词地宣称自己找到了治愈霍乱的良方。由于媒体缺乏辨识真假的专业能力，常常是来稿照登，拉塔的发现很快被淹没在一堆宣称绝对有效的疗法中，因此即便等到霍乱肆虐夺去很多人的性命时，也没有人注意到拉塔的成就。

很快，很多伦敦人因霍乱而送命，死者越来越多，运尸车上的尸体堆积在一起。

霍乱在1854年的伦敦如此肆虐妄为，除了和霍乱弧菌的致命性有关，与伦敦当时所处的尴尬的发展阶段也不无关系。

工业革命后，大量人口涌入伦敦。1801年，伦敦成为近代欧洲第一个人口数量达百万的现代城市，到了1854年霍乱爆发时，伦敦的人口数量已破200万。

工业化发展的步伐实在太快了，伦敦这个古老的城市一下子没有适应过来，不知道如何应对人口压力。人口密度史无前例地增大，引发了很多问题，例如粪便的处理。当时的伦敦，像莎拉·路易斯那样把粪便和其他脏物随手倒在家门口的人不在少数，在贫民区这种情况就更普遍了。所以当时的伦敦街景真是不堪入目，随处可见污泥和粪便，走到很多街区，讲究的人根本插不下脚。空气里弥漫着恶臭味，让人不禁作呕。

人口密度大还给传染病铺设了新的温床。过去，霍乱弧菌杀死了自己的宿主，自己也会跟着消亡。1854年的伦敦就不同了，人口密度空前的大，贫民窟里一大家子人挤在一个小屋子里的情况屡见不鲜，这让霍乱弧菌高兴起来，它们可以在上一个宿主死去之前很快地找到下一个宿主。

其实，霍乱存在已久，不是什么新奇的病，但这次真的把伦敦人打了个措手不及，有实力的人拖家带口逃离伦敦，留在伦敦的人只好听天由命，不知道死神什么时候就会突然降临。

想要遏止这场瘟疫，就得找出霍乱传播的真正机制，但当时的病理学还没有达到这一水平，人们只能凭借直觉和经验猜测霍乱传播的方式。

空气很容易就做了替罪羊。

首先是因为伦敦的空气实在是难以恭维，大工厂产生的浓浓烟雾成了伦敦的公害，很多人因此患上了呼吸道的疾病。空气里的粪便臭味也令人作呕，所以人们有理由把霍乱传播的根源归结于空气。

肮脏的空气确实对身体健康没有好处，但霍乱的传播又确实跟空气扯不上什么关系。但人们都这样认为，空气传播霍乱也就成为共识乃至真理，反正空气也没有主人，不会有人主动出来为它辩解开脱。

这就同曾经大家盲从亚里士多德的错误结论是一个道理，只是这一次付出的是生命的代价。

就在人们纷纷逃离霍乱区的时候，医生约翰·斯诺却在霍乱病区不停地奔走，其实之前他的专长是麻醉，甚至英国女王生孩子时还用过他的麻药，按道理消除霍乱不需要他操心。但作为医生的斯诺不受专业局限，他怀有一颗悲悯之心，且不甘于简单地接受空气传播霍乱的共识。

斯诺亲临病区，仔细调查，刨根问底，要找出真正传播霍乱的路径。当然约翰·斯诺也并非火眼金睛，由于缺少现代医学设备的支持，他不可能肉眼看出霍乱弧菌究竟是怎么传播的。但身处 1854 年伦敦的斯诺有自己的办法，这位生活在 200 多年前的医生应用了一个当今信息时代很流行的方法——数据统计与分析，继而呈现为信息图。

斯诺挨家挨户地调查疾病传播的情况，统计死亡人数，通过的调查他发现了大量惊人的事实，而这些事实都是那些躲开病区、永不亲临现场就敢发表高论的人难以发现的。例如，彼此住得很近的人，有的人患霍乱死了，有的人却安然无恙；有些人的居住环境看起来还不错，却成了霍乱的牺牲品；有些人的住处像猪窝一样，却在这场疾病中与霍乱绝缘。这些事实都是空气传播论解释不了的，显然，霍乱一定有其他的传播路径。

斯诺铺开一张伦敦地图，每在一处发现死亡的病例，他就在地图上标注出来。随着地图上标注的病例越来越多，一条线索浮出水面——这些病例的分布都是围绕宽街的水泵展开的。结合其他证据，例如酒厂的工人一直用酒来代替水做饮料，几乎就没有患上霍乱的，而住在宽街附近的人如果饮用其他地方而不是宽街的水，也很少有患上霍乱的。于是斯诺得出了一个大胆的结论：霍乱并非通过空气传播，而是通过水传播。

这是一个正确的结论，但并没有立刻被大众接受。特别有一点需要注意，空气没有主人，但是水是由自来水厂提供的，这会让有些人很不愉快。人们虽然嘴上不服，但病急乱投医的心态还是驱使着他们对宽街的水泵做了处理，这个举动非常关键，就像拉住了狂奔的野马的缰绳，伦敦的霍乱总算被控制住了。

即便如此，参与第一次宽街水泵处理的人仍然坚称，宽街的饮用水清澈干净，看不到任何杂质。言外之意，斯诺的理论是错的。

他们肉眼凡身，只凭经验办事，当然看不到清凉的水中的霍乱弧菌。

和斯诺一样怀有悲悯之心、不辞辛劳、冒着风险在病区挨家挨户访问的还有一个人——助理牧师亨利·怀特黑德。

起初怀特黑德也相信空气传播说，他甚至毫不客气地抨击过斯诺的水传播理论。但身在病区第一线的他，通过对比斯诺的理论和真实的病例，越来越相信斯诺所说的才是真理。

怀特黑德仔细查阅死亡登记表后，找到了一条关键的线索：宽街 40 号，9 月 2 日，一个 5 个月大的女婴死于霍乱。之前这个线索被忽视的原因在于，大家没有想到一个小婴儿罹患这样的重病居然可以坚持那么多天，以至各种数据分析都无法发现真正的源头。

怀特黑德赶快去询问这个女婴的妈妈，也就是前文提到的路易斯，这才弄清楚了她洗尿布的脏水可能污染了宽街的饮水系统，成为霍乱的源头。在怀特黑德的推动下，人们对宽街的水源再次进行检查，结论再次证实了斯诺和怀特黑德的猜想，正是污水和饮用水混在一起，导致了这场悲剧。

作为斯诺坚定的支持者，怀特黑德充分利用自己在教会中的影响，最终让人们相信，在这场与霍乱的战役中，对宽街水泵的处理不是可有可无的动作，而是一个决胜要素，霍乱确实是通过水而不是空气传播的。

多年以后，怀特黑德回忆起非常有绅士风度甚至如先知般的斯诺对他语重心长地说的一席话："我们不一定能活到那么一天，甚至人们把我们的名字都忘记了。但总有一天，不再会有霍乱的大规模爆发，人们已经对霍乱的特性了如指掌，让它无法再肆虐人间。”

1854年的伦敦霍乱风波以血的教训让伦敦人明白一个道理：随着城市人口数量不断增加，人口密度越来越大，各类过去不曾遇到的问题逐渐暴露出来，例如怎么处理这么多人的排泄物，怎么把饮用水系统和污水处理系统分开，怎么应对拥堵的交通。总之，新兴的现代城市不能再像过去的乡村一样随性发展，而必须有系统的规划。

从此城市的发展规划成了一门学问和实践的艺术，伦敦也成为第一个现代意义的大城市。

截至2016年，伦敦人口数量超过800万，但空气清新、饮用水洁净、风景如画，再不可能爆发大规模的霍乱！

斯诺和怀特黑德的夙愿延伸一下，其实就是对现代城市文明的向往，而这在今天终于成为事实，虽然城市还面临各种各样的问题，但总体来说非常适宜居住，并且成了催生创新、推动文明进步的摇篮。

生活在现代城市里，人们不再需要天天忍受觅食、挑水、砍柴、求医等基础问题的困扰，而是能更轻易地获得远超生存标准的报酬，从而在生活中有更随心所欲的选择和追求。

由此开始，激情不再是偶尔迸发的火花，而成为生活的常态！激情也不再专属于少数强者，而是在很多普通人之间普及开来。

文学中的伦敦

伦敦，在12世纪的僧侣戴维斯的笔下是这样一番面貌："想要来伦敦吗？那可得留心些。无论什么邪恶、见不得阳光的事情，只要你能在世界上其他地方看到，在伦敦就不难找到同样的踪影。"

也许这位僧侣的描述有些夸大其词，但好几个世纪里，伦敦确实处在一种肮脏和躁动的氛围中，犯罪现象屡见不鲜。

14世纪，《坎特伯雷故事集》的作者、小说家乔叟就居住在伦敦一个非常混乱的区域——阿尔德盖特。乔叟的传记作者彼得·阿克罗伊德曾经在《乔叟传》里写道："1313年，就在阿尔德盖特，乔叟的祖父在家附近被谋杀。在这个城市不堪回首的历史中，谋杀、抢劫、强奸简直就是家常便饭……"

不要认为罪恶只包括那些藏在暗处的强盗的勾当，作家马罗尼就被关在纽盖特监狱好多年，据传他有抢劫、强奸、杀人等多项罪名，但这段牢狱生活倒让他创作出不少类似武侠小说的著作。纽盖特监狱不仅关押过马罗尼，还关押过本·琼森、约翰·弥尔顿、威廉·科贝特……纽盖特监狱仿佛不是镣铐作响、铁笼冰冷的牢狱，倒像是一个作家聚会的咖啡馆。

在这种时代背景下甚至兴起了一种监狱文学，在作家的笔下，不少犯罪行为非但没有被视为罪恶和耻辱，反而成为一种看起来很酷的事情，有些故事居然还红极一时。

一直到19世纪末这种恶性情况都还没有好转，到了1888年，伦敦连续发生了多名妓女遇害的恶性案件，这些可怜的女孩子不是简单地被杀，凶手的作案手法极其残忍——切开了受害者的肚子。

这一系列案件成为世纪悬案，直到今天真正的凶手还是个谜（尽管不断有人宣称用高科技手段找到了凶手）。

警方束手无策的案件却成了文学创作绝妙的题材，以这一系列案件为原型的小说、电影、电视剧、漫画等不断被创作出来，直到今天。与2009年英国播出的迷你剧《白教堂血案》同一题材的《开膛街》于2012年上映。

城市规模越来越大，带来福祉的同时也滋生了罪恶，因此城市迫切需要召唤新时代的英雄。然而和古希腊、古罗马略有不同，新的时代不再强调英雄们健美的肉身和无穷的神力。

既然现代城市是在理性、逻辑和科技的推动下拔地而起，那么这些新时代的英雄就应该兼有理性、逻辑和科技的智慧。

在这种背景下，福尔摩斯应运而生。小说中福尔摩斯的故事主要通过他的搭档华生医生描述出来。福尔摩斯冷静，善于观察细节，是个非常博学的人，尤其擅长运用和破案相关的科学知识，虽然他也爱好拳击和击剑，但肯定无法与古希腊神话传说中的肌肉大神相提并论。

华生和福尔摩斯第一次见面，福尔摩斯仅通过华生的职业、晒黑的皮肤、受伤的胳膊、憔悴的身形就正确推理出华生刚从阿富汗回来。这让华生对其佩服得五体投地。

整个《福尔摩斯探案集》中，福尔摩斯都会在那些看似天衣无缝的作案计划中、无迹可寻的狡猾罪犯身上，抓住一些常人容易忽略的细节，并结合自身丰富的科学知识进行严密的推理，最终一步步使真凶浮出水面。

福尔摩斯的故事给日益膨胀、罪案丛生的伦敦注入了强心剂，人们痴迷于福尔摩斯的故事，简直上了瘾。其间作者柯南道尔一度想中断写作，因而安排了福尔摩斯身亡的桥段，不想竟然引来了读者的强烈抗议，最后柯南道尔不得不让福尔摩斯复活，继续他如有神助的探案推理。

城市越来越大，存在各种可能性，只有大池子才能养大鱼。

16 世纪末、17 世纪初，伦敦迎来了它的文学巅峰人物——莎士比亚，他在伦敦发展了 20 多年，一生著作等身，包括 39 部戏剧、154 首十四行诗等。

伦敦人甚至以“莎士比亚”命名了一座环球剧院，在这里上演他的作品。

1613 年 6 月，一场大火烧毁了莎士比亚环球剧院。起火时，观众正在全神贯注地观看莎士比亚的作品，全然没有留意到剧场内的浓烟，一位目击者说：“大家的目光全在舞台上呢。”最后大火肆虐，人们这才慌忙逃跑，奇迹是，至少没有记载表明有人在这场火灾中丧生。

大火烧不灭人们对莎翁的热爱，热情的伦敦人很快重建了莎士比亚环球剧院，剧院尽可能将票价设为高中低档，让各个阶层的人都有机会来观看莎士比亚的作品。虽然灾后重建的剧场里因此难免散发着刺鼻的酸臭，有的观众甚至会在现场解决大小便问题，但是人们仍然乐此不疲地来看戏。

总体说来，开始时，人们还没有做好准备应对现代城市的兴起，城市是一个庞然大物，初始阶段霸道地碾压人类，但逐渐人们就如在进化过程中驯服野兽，把它们变成家畜造福人类一样，人们也在驯化城市。

这一点通过儿童、妇女、作家的命运变迁就可以看出来。

在早一些的文学作品中，镜头常常对准的是穷苦的儿童，例如狄更斯的《雾都孤儿》，狄更斯给主人公命名为奥利弗·特威斯特（Oliver Twist），其实Twist本意就是扭曲。在扭曲的时代和社会里，奥利弗在孤儿院里长大，在他的成长过程中，面对的是歧视、虐待、谩骂和殴打，关注他的只有盗窃团伙，因为他们希望奥利弗成为自己的摇钱树。

尽管狄更斯为这个故事安排了戏剧性的喜剧结尾，但这不能改变那个时代大多数儿童的悲惨命运，他们缺少教育，甚至没有家庭的温暖，只好栖身于盗窃团伙或者去工厂做童工。很多儿童未能成年就离开人世，当时伦敦超过一半的葬礼是给孩子举办的。

这种笔调直到20世纪才有了很大改观。

1925年12月24日，平安夜，《伦敦晚报》刊载了一个儿童故事，在这个故事里出现了一个卡通人物——小熊维尼。

从此，这只憨态可掬的小熊给孩子们带来了无穷的欢乐。在这个时期，孩子们已经不只是作为文学形象被关注，更是作为读者得到关注，勤奋的作家不停地为孩子们创作欢乐，富有想象力的作品，伴随他们快乐地成长。

对儿童权益的重视是文明的进步，也是城市走向成熟的一大标志。

我们再看看女性的命运变迁。

伦敦历史上不乏富有才华的女性，但早期女性往往享受不到公平的待遇，她们不能用自己真实的姓名发表作品，不被允许登台演出。所以，不要奇怪，当勃朗特写出了《简·爱》这样不朽的作品时，当才华横溢的三姐妹已经赢得很多读者的崇拜时，为什么会有那么多人自然而然地认为她们是男人，是富有才华的三兄弟。其实，除了生育能力的区别，性别的差异不应该成为任何差异的根源。

生活在 17 世纪末 18 世纪初、号称第一位英国女权主义者的玛丽·阿斯特尔早早就喊出了一句名言：如果男人生而自由，凭什么女人生来就是奴隶？

这是女性的自我觉醒，仅从文学领域的角度看，女性扮演着越来越重要的角色。看起来福尔摩斯这么理性、这么善于推理，有如此渊博的科学知识的侦探理应由男性作家来塑造，但阿加莎·克里斯蒂证明了这些特质并不是男人的专利。克里斯蒂塑造的大侦探赫尔克里·波洛比起福尔摩斯来说毫不逊色，她的作品被改编为多国文字，《东方快车谋杀案》《尼罗河上的惨案》等不断被搬上银幕。在克里斯蒂 1975 年出版的小说《帷幕》中，波洛侦破了一生中最后一个案件，以身殉职。1975 年 8 月，《纽约时报》破天荒地在首页为波洛登了一则讣告——这是《纽约时报》唯一一次为虚拟的小说人物刊登讣告。

作为一种职业，作家的地位也在历史风云中起起伏伏。莎士比亚走入了大众，不仅获得了极高的声望，而且成为大富翁。但大多数作家没有莎士比亚这么幸运，写下经典之作的弥尔顿失明、妻子早逝，给他留下了四个可怜的孩子，他从《失乐园》中拿到的稿酬约为 20 英镑。写下了《夜莺颂》等名篇的诗人济慈 25 岁就因肺结核离世，他穷困潦倒，因而娶不到自己心爱的人，甚至保不住自己的性命，直到生命的最后一刻，济慈还懊恼于自己的一生一事无成，他当然不知道后世有多少人因他的诗作赚了大钱、娶了心爱的人。

这都是过去的伦敦了。要了解今天的伦敦，也许我们应该审视一个儿童、女性和作家的现代综合体。

1995 年，30 岁的 J. K. 罗琳离了婚，成为一名单亲妈妈，当时她的生活十分窘迫，以至不得不申请政府救济金。这个单亲妈妈从小就喜欢幻想，喜欢那些匪夷所思的故事，很早的时候，在她的脑海里就萦绕着一个戴着眼镜、稚气未脱的小男孩的形象，他是个小巫师，有很多传奇经历。J. K. 罗琳决定要把这个故事写出来，因为背负着巨大的生活压力，家里没有适合写作的环境，很长一段时间她不得不泡在咖啡馆里创作。

1997 年，在苏格兰艺术协会的赞助下，J. K. 罗琳的第一本著作终于出版，这个戴眼镜的小巫师的传奇故事迅速赢得了孩子们的喜爱。J. K. 罗琳从此一发不可收拾，连续以这个小巫师为主角创作了系列故事，这些故事风靡全球，并被改编成电影、游戏等。

J. K. 罗琳是一位普通的单亲妈妈，因为讲好了一个关于孩子的故事，赢得了全世界孩子的喜爱，成为亿万富翁，改变了自己和孩子的命运，也改变了很多其他孩子的生活。

从 J. K. 罗琳动笔到奇迹的发生，不过短短几年的时间。

这个时候的伦敦早已经不是那个猪粪满地、盗贼横行的粗野城市。2012 年，伦敦奥运会开幕，来自 204 个国家或地区的超过 1 万名运动员在这里就 300 多项运动展开角逐。伦敦奥运会开幕式的主题为“奇妙的岛屿”，其中灵感源自莎士比亚代表作《暴风雨》。

“网络”的兴起

福格的赌注

1873年，法国科幻小说家儒勒·凡尔纳出版了他的小说《八十天环游地球》。对我们大多数人来说，这部小说并不陌生，因为在其出版后100多年的时间里，它不断被改编为广播剧、舞台剧、电影、电视等，仅电影至今就有10余个版本。

这真是一部彪炳史册的著作。不过，这样一部极具影响力的科幻著作其实并没有刻画我们常在科幻大片里看到的外星人、异形怪物、时空隧道等脑洞大开的形象或炫目的大场面。

《八十天环游地球》只是讲了一个初听起来单调乏味的故事。英国绅士福格和他的朋友们打了一个赌，他确信19世纪的全球交通网已经很发达，因此自己有把握从伦敦出发马不停蹄地变换交通工具，在80天内环游地球一圈。

在今天看来这不是什么难事，乘坐飞机绕地球一圈也就一两天的时间。但在19世纪福格的朋友们看来，这太难以置信了。

回忆一下前文提到的人类第一次环球航行的壮举：麦哲伦的船队环游地球一圈用了 3 年的时间，以牺牲 200 多人的生命为代价，连麦哲伦本人都在途中丧命。

这是 16 世纪的情况，在 19 世纪情况又能好到哪里去？

为了让这 80 天的故事显得不那么枯燥，凡尔纳给这个故事增添了一些文学佐料。例如，福格出发没多久，就被谣传为犯罪嫌疑人，因而一个自作聪明的警探跟了他一路，到处给他使绊。幸亏福格有一个忠实能干的仆人，总是能帮他化险为夷，当然，偶尔也会给他惹麻烦。他还半路传奇性地救起了一个本来要殉葬的印度公主，之后把她带到了英国，并娶其为妻。

这当然可以增加这部科幻小说的可读性，但类似的情节随便翻开一部在长途跋涉中用来打发时间的 19 世纪小说都不难找到。这些情节可以增加趣味性，但还不足以让它在浩如烟海的小说里脱颖而出，那这部作品激发世人狂热的奥秘究竟在哪里呢？

谜底就是，《八十天环游地球》掀开了一幅 19 世纪开始兴起的波澜壮阔的画卷：遍布全球并不断延伸的交通网络，以及暗示了“陌生人社会”的兴起，这意味着人类协作网络跨入了新时代（再次注意“网络”这个词）。

为什么《八十天环游地球》描绘出来的这个交通网络会如此波澜壮阔、激动人心呢？

今天要规划环球旅行并不难，我们登录售票网站，找到首尾相接、跨越地球的几个航班，很快就能规划出一条环球旅行的路线。

但在 19 世纪这样做是不可能的。

飞机这个重要的交通工具直到20世纪初才被发明出来，即使是大胆的科幻小说，《八十天环游地球》也没有畅想福格可以乘坐飞机。

凡尔纳时代，火车才刚刚投入应用，汽车才初现雏形，所以在小说里福格依赖的交通工具主要是火车和轮船，辅以马车和其他更简陋的交通工具，比如轿子。

在19世纪，即使当时可以多方获取资讯的绅士，也就是和福格打赌的那群人也不敢肯定，甚至就是不相信世界的交通网络已经发达到环环相扣，可以让一个普通人在80天内环游地球，且不说还要面对旅途中抢劫、偷盗等不确定的风险。

火车和轮船都是分区域运营的，要完成环游地球的壮举，只有把这些零碎的片段拼接起来，其中只要有那么一段路无法用现代交通网络衔接上，或者福格被强盗扣押起来等类似的事情发生，那80天的计划很容易就泡汤了。因此，福格的朋友们——那群善于算计的绅士，才会如此有把握下大赌注跟福格打赌。

故事的最终结局自然是福格大获全胜，虽然他在途中确实经历了不少风波，甚至到了伦敦还被那位蹩脚的警探扣押起来，并漏算了因向东环球行走而节省下来的一天时间。最后福格还是有惊无险地赢了。

小说的核心当然不在这个赌注，它描摹的其实是一幅时代画卷。

首先，在技术和资本的驱动下，蒸汽机的发明、工业革命的浪潮，很快就走出了英国，影响全球。即便没有人规划，一个以蒸汽动力为核心的庞大交通网络已经在全球兴起。

每个区域的网络也许是不同的公司为了不同的利益诉求建立起来的，没有一家公司会替福格考虑环球旅游的规划。但是，当这些从各个角落冒出来的网络连接起来时，就可以帮助福格完成环球旅行的壮举。

即便有些环节偶尔出现了衔接的问题，例如福格和他的同伴在美国错过了回英国的“中国号”，网络的冗余很快就弥补了这个错误，福格说服一艘货船横跨大西洋，把他们送回了英国，条件也很简单，就是按照每个乘客 2 000 美元的价格付给了船长。

顺带多说一句，这个小插曲表明，人类跨入高技术驱动型社会后，很多难题的解决已经不是技术问题，而是协作问题，协作问题的解决常常又归结为金融问题。

其次，《八十天环游地球》暗示了“陌生人社会”的兴起，这意味着人类的协作网络跨入了新的时代。

很长一段时间以来，人类都生活在“熟人社会”里，因为只有熟人才是可以信任和相对安全的。

工业社会之前是农业社会。

在农业社会，人们都生活在自己的故土，种植和畜牧是最主要的生活来源，人们不得不日日夜夜围着自己的一亩三分地讨生活。人们熟悉自己的邻居，清楚他们的为人，知道怎样恰当地跟邻居打交道，也知道如何帮助邻居并在有需要时如何求助邻居（很遗憾，今天“邻居”的含义已经无法与过去相提并论，我们根本不关心自己隔壁住了谁，除非我们的生活因此被打扰）。

那时的远途旅行成本高，而且不可避免地会遇到陌生人，这意味着不熟悉对方的语言、习俗、宗教背景，最要命的是不能在短时间内判断出陌生人的善恶，这就让旅途充满风险。所以如麦哲伦那样，在环球航行中因为与陌生人发生冲突而损失掉自己的队伍，甚至自己的性命，这并不奇怪。

18世纪，德国伟大的哲学家伊曼努尔·康德掀起了哲学的革命。但就是这样一位泰山北斗级的思想大师，在他漫长的80年人生历程中，几乎一辈子没有离开过他出生成长的城市哥尼斯堡，康德一生中唯一一次旅行仅仅是去了距离哥尼斯堡不远的但泽。

这其实就是工业社会前“熟人社会”典型生活的写照。

进入工业社会后，工具网络、交通网络兴起，人类协作的规模史无前例地扩大，仅仅依靠熟人协作已经满足不了社会的发展需求。

按照英国人类学家罗宾·邓巴的推算，一个人在一生中能维护住的熟人只有150人，如果工业社会只停留在熟人协作层面，顶多只能凑上一个小作坊。

看看21世纪的情况，类似福特这样的跨国企业在全世界的员工数量可以达到20万之多，其协作的规模和方式是农业社会难以企及的。

工业革命从工具网开始，推动了一个大规模协作网的诞生，这就要求人们的协作必然从熟人协作拓展到陌生人协作。

但这个跨越是有阵痛的，和陌生人建立信任需要很高的成本，这是一个渐进的过程。

以伦敦为例，前文讲过，伦敦在进入19世纪短短的几十年里，人口数量就增长了数百万，人们日常不得不面对大量的陌生人。曾经一段时间里，伦敦冒出了很多交往指南，教导人们如何和陌生人打交道。例如，如何面对在大街上突然走过来搭讪的陌生人，怎样识别大街上的骗子、小偷和其他不怀好意的陌生人，在公众场合什么样的穿着谈吐才不让陌生人反感，等等。

在相当长的一段时间里，陌生人几乎是不怀好意甚至是危险的代名词。

这可以从火车的空间设计发展看出来。最早火车的包厢是封闭的，这意味着你要和陌生人在一个封闭的空间里共同待上数小时或者数十小时，这种设计诱发了偷盗、抢劫甚至是凶杀案件。因此火车车厢的设计不得不做出改良，在包厢之外设计了走廊，也就是说，把公众空间引入进来，而不完全把陌生人封闭在一起，这虽然没有根绝犯罪，但还是可以在相当程度上缓解和陌生人乘车的潜在风险。

虽然和陌生人建立信任有阵痛，但大规模协作的好处逐渐凸显，人们开始共同工作，后来还有了职业发展，生活成本降低，物质生活逐渐变得丰富起来。

有这些现实可见的好处做驱动，建立陌生人之间的信任和协作就有了驱动力。一旦人们发现通过自己的努力获得的财富要远多于能从陌生人那里掠夺来的，并更具有持续性，人们就会更关注自己的发展，而不是盯着陌生人的口袋。于是，对陌生人的信任不断增强，协作的成本不断降低。

福格在环游地球的过程中，虽然也不可避免地遇到了和陌生人发生冲突的波折，但总算是有惊无险地回到了伦敦。

这其实在暗地里说明了一个重要的事实：到 19 世纪后期，陌生人之间的信任和协作已经取得很大的进步，在 80 天里游历这么多国家，和这么多陌生人打交道，至少没有丢了性命或者变得身无分文。

所以，《八十天环游地球》其实是描摹出一幅工业社会推动兴起的交通网以及暗藏在工业社会背后的人类协作网的画卷，人们为此兴奋不已。

1889年，美国女记者娜丽·布莱受《八十天环游地球》的激励，用72天的时间成功环游世界。这充分证明，凡尔纳写的不是科幻小说，它体现了一个时代的真实气质！

激情从来不是来自你死我活的战争，战争只会让既有财富在不同人之间重新分配，并以损失生命为代价，所以本书基本没有把战争相关的人等列入激情人物的行列。激情真正的面貌应该体现在人类的相互协作，创造出的更多的财富。绝大多数人都能在人类协作中受益。

这个气质，是从工业革命后，快速发展的协作网络开始的，人类的进击从此翻开了一个新篇章。

安妮的盒子

1851年4月23日，对达尔文和他的妻子艾玛来说是个非常不幸的日子，就在这一天，他们失去了年仅10岁的爱女安妮。

达尔文备受打击。安妮是达尔文的长女，自出生，达尔文就把她视作掌上明珠，甚至一改过去全神贯注于工作的风格，走进婴儿房去照顾小安妮。达尔文甚至准备了一个羊皮笔记本，记录下小安妮成长的一点一滴，记录下小安妮细微的表情变化……

达尔文的妻子艾玛注意到了丈夫的这个变化，她打趣地问达尔文，是不是把安妮当作一个样本来研究了。

确实，作为进化论这个划时代理论的提出者，达尔文对物种（当然也包括人）的起源和进化倾注了很多心血，早年他不顾父亲的反对，登上“比格尔号”，扬帆远航 5 年之久，对世界各地所遇的物种做了大量的研究。

如今达尔文看似是放下工作并耐心地陪伴安妮，其实他还是在继续他的研究，他要从爱女的成长中探索人类表情的奥秘。不过，这肯定不是一项纯粹的研究，作为父亲，达尔文深爱着自己的女儿，安妮给达尔文夫妇带来了太多的快乐。

多年后，英国的科学史学家珍妮特·布朗这么描述达尔文的父女情深：“达尔文曾对他的密友，也是他的表兄威廉姆·达尔文·福克斯坦诚，安妮就是他的心肝宝贝，也是他最爱的孩子。安妮远比其他孩子更亲近达尔文，她的温情直抵达尔文内心最柔软的地方。她时常帮助达尔文梳理胡须，帮他把衣服叠整齐。安妮天性就喜欢整洁和干净，她把纸张剪成精巧的小片，放在工具箱里，穿针引线，给她的玩偶缝制新衣，编织她心中的梦幻世界。”

但很不幸，这个可爱的天使染上了结核病，这在当时是让人束手无策的绝症，达尔文为了救治爱女做了很多努力，甚至尝试了荒诞不经的水疗，但最终安妮还是离开了人世。

19 世纪，医疗条件尚不发达，孩子早夭的情况并不少见。即便达尔文后来和艾玛将 7 个孩子抚养成人，他仍然难以承受失去安妮的痛苦，对此始终难以释怀。

达尔文在个人回忆录里写道：“我们失去了家庭的欢乐，失去了我们晚年的安慰……如果她还能感觉，就会知道我们仍然且将永远深深地、温情地爱着她那可人的小脸。”

作为达尔文的妻子，艾玛承受了很大的压力。艾玛是一个非常虔诚的基督徒。坦率地讲，她的丈夫达尔文从事的研究实在是对上帝的大不敬。

难道世间万物不是上帝创造出来的吗？达尔文竟然振振有词地说，人是从动物演化来的，甚至大胆猜测不同的物种如果追溯到远古时期都有共同的祖先。

安妮的早逝引来不少闲言碎语，有人说这是上帝对达尔文大不敬思想的惩罚。

艾玛处于矛盾中，她深爱达尔文，所以尽力维护和照顾他，但她隐隐担心这真的是上帝的惩罚，甚至担心将来达尔文无法上天堂，两个人难以团聚。

达尔文深爱艾玛，但没有为此妥协。相反，安妮早逝后，达尔文对上帝的信仰日渐冷淡，他心中不平，如果上帝惩罚罪人是因为他们作恶，那为什么要夺走天真可爱的安妮呢？他开始找各种借口不跟家人一起去教堂，并投入更多的精力研究物种的起源和进化。

1859 年，也就是安妮离世后的第 8 年，达尔文出版了划时代的著作、进化生物学的奠基之作——《物种起源》。在这部巨著里，达尔文以确凿的证据和严密的逻辑论证了所有生物都是从更远古的物种演化而来的。物种并非早先被设计出来、恒常不变的，也不是秩序井然、等级分明的，把人设计在所有物种的中心这种说法过去天经地义，现在看来荒诞不经。

许多今天看来不相干的物种，其实都有亲缘关系，往前追溯足够久远的话，会发现彼此有共同的祖先。也就是说，这个世界的生物都处在变化之中，只是因为变化相对缓慢、难以察觉，以至我们产生了错觉，错认为各物种生来即是如此，尤其是错以为人一直是万物的灵长。

《物种起源》引起极大的震动，影响力从生物学领域波及社会学、政治学乃至更多的科学领域，其中一个缘由在于它推动了网络视野的兴起。也就是说，从此，人们不再孤立地看单个生物，而是把它放到整个生物网络中去审视。不再只是单独看某个时代，而是把它放到整个进化的过程中去看。还有关键的一点：不是静态地看网络，而是要看到网络的演变，包括关键枢纽的出现或变化对网络演变的推动作用。

很多年后，互联网思想拓荒者凯文·凯利就沿用了达尔文的视野去审视“连接”和“网络”并为世界带来的改变。他类比了生物进化中多细胞动物出现和创新兴盛的相似性。

最早这个世界上只有单细胞生物，这让生命的形态异常单一。但多细胞生物出现后，情况就大不相同了，细胞与细胞的连接创造了无穷多的可能，因此才有了花花草草、鸟鸟兽兽，当前发现并记录在册的生物就有 200 多万种。

互联网的意义也正在于此，人是符号动物，互联网把这些符号动物头脑里的知识、智慧和思想连接起来，从而产生了无穷多的排列组合可能，尤其在新的排列中又会催生新的创意，由此我们迎来了一个创意大爆炸的时代。

前文谈到蒸汽机，谈到《八十天环游地球》时，我们已经看到网络进化的非凡意义。

先是确立基础科学研究方法，接着是专利制度的保障，随后是金融创新的驱动。

蒸汽机、纺织机、蒸汽轮船、蒸汽火车……组成了一个庞大的工具网。借着这个工具网发掘出来的强大能量，兴起了全新的交通网、贸易网、金融网……

人类社会也在这些网络的推动下，从熟人协作网络发展到陌生人协作网络，协作的规模越来越大，时空跨度也越来越大……

从此，财富被快速地创造出来，逐渐地，通过创新获取财富的效率比战争掠夺要高。人们更加关注创新，这让20世纪在经历两次世界大战后翻开的历史篇章和以往越发不同。

我们开始迎来一个激情进击的年代！

无论从内容本身还是从思维方式来考虑，达尔文的影响都功不可没。

达尔文将他对安妮的思念写下来，手稿藏在安妮喜欢的小盒子里，100多年后，他的玄孙发现了这个盒子和手稿，以此为蓝本写成了《安妮的盒子》一书。

达尔文的传记电影《造物弄人》取材没有偏重对达尔文成名影响最大的，随“比格尔号”出洋考察这段历史，而是以《安妮的盒子》为蓝本改编。从中你会看到真实的达尔文，以及作为虔诚基督徒的艾玛是如何纠结挣扎，此后，你才能深刻理解，这个思想有怎样的生命力，它真切关乎每一个个体，关乎我们对自我和世界的重新审视。

达尔文把自大的人类从万物中心的位置拉下来，我们才知晓，整个世界的物种秩序并非自来如此，人类今天的显赫地位也是不断进击才取得的。这个过程直到今天也没有停下来，并且文明进化呈现了比生理进化更加迅猛的加速度，我们注定要跨进一个创新和生活方式大爆炸的时代！

进化的视野

1976 年，英国进化生物学家理查德·道金斯出版了《自私的基因》一书。在这本书中，道金斯将达尔文的进化论往更深层次推了一步，即以基因为中心而不是动物的个体或者群体来审视进化。

这不意味着达尔文欠缺考虑，须知，在达尔文的时代，他还不知道有基因这么回事儿呢。基因还只是一种猜测。

这就将达尔文更近于经验的描述“抽象”到了基因的层面，在道金斯的眼里，动物群体也好，个体也罢，其实都是基因的载体，基因是自私的，也更加根本，它在进化中不断寻找机会复制自己，并掌控生物的行为。

在这本书中，与生物基因相对应，道金斯还提出了文化基因——模因。和生物基因相似，模因也在不停地寻找载体推动自己的复制。我们之所以乐于分享，写书，打造企业文化，其实根源就在于此。

这种解释在我们这个时代得到了响应。例如 Jeep（吉普）是模因鲜明的野战车，因此如果你看到 Jeep 的文化衫等衍生产品，以及 Jeep 粉丝团车友会丝毫不会感到奇怪，而会认为 Jeep 就理所应当把这些模因复制出去。

自私的基因在更深的层面解读了进化论，尤其它大胆地将人们对进化的认识延伸到非生物领域，为很多领域的研究提供了全新的视野。

这本书影响如此之大，道金斯说，每次他在发布新书时，人们争相找他签名，但每次递上的书都是《自私的基因》。道金斯对进化论的精彩阐述当然不限于《自私的基因》，他的其他作品，例如《盲眼钟表匠》《地球上最伟大的表演：进化的证据》等都是帮助我们了解进化论的上乘之作。

1994 年，凯文·凯利出版了《失控》一书。那个时候，蒂姆·伯纳斯–李刚刚创建起万维网联盟，万维网提供了便利的上网条件，普通人可以通过浏览器直观地访问互联网，网民数量进入高速增长的轨道，于是，各种基于互联网的商业应用兴盛起来。但 1994 年，网景还没有上市，谷歌还没有建立，Facebook（脸谱网）、BAT（百度、阿里巴巴、腾讯）等都还不见踪影。

在《失控》一书中，凯文·凯利对未来社会和技术的发展做出了预测性的描述。20 多年后的今天，历经互联网的一次次洗礼，再回头看时，我们会发现凯文·凯利的很多描述变成了现实。

这听起来有些匪夷所思，既然 1994 年互联网的实践尚未成熟，凯文·凯利是如何预见互联网技术对未来世界的影响呢？

其中的奥秘在于，凯文·凯利不是就事论事，而是以进化的视野分析问题。

互联网也是进化的一环，从远古时期的进化得到的启示是：进化的实质就是建立各种连接，例如原子与原子的连接、细胞与细胞的连接，继而有了各种网络，例如生物网、水源网，再后来这些网络相互影响、共同进化，尤其有了人类后，语言网、金融网、交通网、贸易网等塑造了我们的历史和文明。

1997 年，加州大学洛杉矶分校的教授贾雷德·戴蒙德出版了《枪炮、病菌与钢铁》，次年，这本书荣获普利策奖。

这是以进化的视野解释非生物领域变迁的又一次伟大尝试。戴蒙德用进化思维审视了人类过去 13 000 年的发展，回答了很多关键的问题，解释了很多不平等现象出现的缘由。

进化的视野意味着人类要同时审视不同的网络，看出它们环环相扣的玄机，戴蒙德就是这样做的。

仅以一个小例子来说明，在谈到以狩猎采集为生的人为什么越来越少，其数量远远少于以种植为生的人的数量时，戴蒙德是这样阐述其中一个原因的。两种获取食物的方式对母亲行为的影响不同。

狩猎采集的人四处流浪，活动的范围要足够大，才能获得足够多的粮食。这就意味着携带的累赘越少越好。毫无疑问，在这种情况下，新生儿也是累赘之一，而且比其他物品更为累赘——因为新生儿在身边的不便之处不单是负重。所以，以狩猎采集为生的人就会想办法减少生育，甚至不惜杀死新生儿，这自然就限制了他们人口数量的增长。

而以种植为生的人就不存在这个问题，因为他们的活动在一个相对固定的范围内展开，照顾新生儿就要方便很多。所以，以种植为生的人就会比以狩猎采集为生的人更加频繁地生育，也会把孩子养得更好。此外，以种植为生的人因为在相对有限的范围内展开活动，所以他们可以更好地存储自己的粮食，这样既能更好地防止盗贼、动物的偷盗，也可以创造相对稳定的条件易于粮食长期保存。

这些差异环环相扣，让以不同方式获取食物的种族最后的发展呈现了巨大的差别。如今，以种植为生的人数远远超过以狩猎采集为生的人数。

《枪炮、病菌与钢铁》用进化论进一步激发了人们的想象力，这本书长期盘踞在与进化相关的畅销书榜首是毫不奇怪的。

2011年，尤瓦尔·赫拉利在以色列以希伯来文出版了他的《人类简史》，在此之后短短几年，赫拉利的《未来简史》《今日简史》《人类简史》就被翻译成了多国文字，风行全球。

是的，这几部作品又是以进化为视野的作品。而且赫拉利的空间范围更大，他论述的主角是现代人的共同祖先——智人。他从20万年前智人诞生在非洲大草原讲起，而后一直畅想到遥远的未来。

赫拉利聪明地洞悉了网络进化这一事实，尤其善于把握不同网络衔接时的枢纽。正如本书不停谈到的那样，智人能战胜其他古人类，统治全球，正是因为他们会协作。而他们之所以会协作，是因为他们会八卦，会共同相信语言虚构之物。

我们同样再用具体的例子领略下赫拉利对网络进化及其枢纽的把握。

例如，家庭是怎么来的呢？

首先是因为人的进化偏重大脑。这是人和其他动物很不一样的地方，小马、小鸡生下来不到几个小时就可以独立行走、自己觅食。但人不行，如果人的大脑要发育到生下来几个小时就能独立行走、自己觅食的程度，那么人的大脑会分外的大（你想想自己是几岁时才具备这些能力，那时你的头和身子有多大）。

倘若如此，女人生孩子就会万分危险，所以作为折中，人在大脑还远远没有发育完善的时候就被生下来，这降低了女性生育的风险，但问题就是孩子有很长一段时间需要他人的照顾，自己无法独立行走，也不能自己觅食。

注意这一点，它直接影响了家庭的形成。因为婴儿发育得如此不完善，作为妈妈就不得不投入大量的时间和精力照顾孩子，这就产生了一个问题：女性会因此严重缺少食物，也更容易受到外在环境的伤害。于是，女性就需要男性的帮助，帮她寻觅食物，这样不仅可以喂饱自己，也可以喂饱孩子，同时抵御各种伤害。

正是因为人要发育大脑这一点，继而影响到了女性生育和养育的方式，最后，要让这些要求得到稳定的满足，就需要女性和男性组成家庭：女性来繁衍后代，男性则要觅食和保障家人的安全。

家庭这个小小的网络单位就这样出现了，这决定了人和大多数单打独斗的动物的区别，也是人类最终进化为社会性动物的关键。

赫拉利将视野推向未来，也让我们有机会见证在进化的视野审视下，人类的发展是不是按照其所描述的步伐迈向前。

追溯这几本经典著作，我们可以感受到，《物种起源》仅仅只是一个开端，“进化论”本身也是在不停进化的，它的应用不仅仅是在宏观历史叙事层面，而是深入很多实用的细节。

在创业者必读经典、埃里克·莱斯所著的《精益创业》中提出了 MVP（最小可行性产品）和产品迭代的经典思想，其中蕴含的精髓其实就是进化思维。莱斯不主张创业者一步登天地打造出尽善尽美的产品（正如人类也是在生物进化了 30 多亿年才出现的），他主张从一个抓住客户核心需求的最小可行性产品开始（正如生物从基本生命形态的单细胞生物开始），根据市场需求不停迭代（正如生物和环境不停互动，优胜劣汰，逐步进化，既不止步不前，也不冒进跨越），最后打造出被市场接受的产品（适者生存的物种，事先难以规划，事后可能呈现多样性）。

那么，如果审视这个时代的许多变化，而不至于在各种层出不穷的新事物前眼花缭乱的话，就需要进化的视野，以看清不同层次的网络和它们的关联。

200 年前始：超越快乐，追寻幸福

巴贝奇和洛芙莱斯

在给挚友、著名的物理学家法拉第的信中，巴贝奇这样描述他事业上的红颜知己阿达·洛芙莱斯：

“她犹如数字魔女，对科学中最抽象的部分施加魔咒，并以一种男性阳刚智慧都难以匹敌的力量牢牢把握。”

请注意“数字魔女”这个表述。“数字时代”似乎是当今这个时代的专属标签，但巴贝奇写这封信的时间是19世纪中叶。也就是说，数字时代其实早在近200年前就来临了！

提到当今时代最常见的，也是最与“数字”相关的一个职业——计算机程序员，或者人们戏称的“码农”，我们就不禁想到一群成天坐在计算机前，啃着面包、方便面，在人情世故上多少有些“木讷”的理工男。其实他们的鼻祖，也即人类历史上第一位计算机程序员，正是巴贝奇提到的这位红颜知己阿达·洛芙莱斯。

是不是让人大跌眼镜？

码农的鼻祖居然是位美女，而且还生活在两个世纪前。这位美女怎么会研究枯燥无味的“数字”呢？而且居然还成了开山鼻祖。

前文介绍过，洛芙莱斯是拜伦唯一的合法女儿。拜伦生性风流，这让洛芙莱斯的母亲很不悦，在洛芙莱斯还是个婴儿的时候，就带着她离开了拜伦，从此父女再没有相见。

洛芙莱斯的母亲非常注重对她的数学教育，希望她用理性的优势克服感性上存在的弱点。洛芙莱斯极具数学天赋，并在母亲的倾力培养下发挥到极致。

于是，在这位两个世纪前的美女洛芙莱斯的身上流淌着两种看似本不相融的血液：一种是诗意的、艺术的、感性的血液，来自父亲拜伦的遗传；另一种是数字的、科学的、理性的血液，来自自身的天赋和母亲的培养。这种看似矛盾的融合却推动洛芙莱斯成为数字时代的先驱。

当然，这还少不了种奇妙的缘分——她与巴贝奇的相遇。

巴贝奇比洛芙莱斯年长 20 余岁。两人共同的特点是聪明得有些自负、执着得有些固执、激情得有些疯狂，最重要的共同点是他们都坚信计算机的潜能无穷。

这里要讲讲为什么计算机在这个时代突然显得重要起来。根据科学家的研究，其实对于计算的需求，并非所有人独有，在很多生物中都存在，例如一只猎豹都必须计算出自己与眼前猎物的距离，才能精准地闪电般地咬住美味。当然，这一切都瞬间出现在猎豹的大脑里，猎豹是不可能拿着计算设备计算一遍才决定如何下口。

虽然计算是很多生物必备的本领之一，但在诸多生物中，只有人对计算的需求随着文明进程在不断爆发增长，以至不能完全依靠大脑。于是，在人类历史中开始有了结绳记事，有了算盘，甚至新近发现在古希腊时期，人们早早就懂得用精密仪器计算天体运行的规律。但人类的行为越来越复杂，对计算的需求简直是突飞猛进，简单地靠人力计算效率越来越低，而且其间还有难以克服的问题——算错。是人脑就会算错，而且这个概率还不低，这一点我们从小时候开始参与的成百上千次数学考试就领教了。

但近代兴起的贸易活动、航海活动等对计算的要求量大且复杂，因为计算问题导致了贸易活动的效率低下，航海活动甚至会因为计算错误跑偏航线，陷入绝境。

麦哲伦当初航海时就是因为算错了，所以没像预想的那样，顺利找到跨越美洲的通道，接着再次因为算错跑到了菲律宾。

为了让计算不过于依赖“不靠谱的”人脑，人们开始寻找摆脱人力、一劳永逸的做法。比如对数表，1614 年约翰·纳皮尔出版了专著《奇妙的对数表的描述》。对数的做法确实很巧，可以把复杂的大数乘除法化为简单的加减法来计算，这就大大提高了计算的效率。最关键的是，对数表可以事先由专家编好，需要的时候直接查阅，不必掐着指头重新计算一遍，这就大大减少了人们在计算这件事情上的重复投入和无谓浪费。但问题是这种计算方法精确度不够，并且对数表无论重印了多少次，总会有未能发现的错误。而且，对数表真的只能用作狭义上的计算——加减乘除之类的。

当工业革命使机械的威力日益显现出来时，那些富有激情的人自然会冒出一个大胆的念头：既然体力活可以交给机器来做，那么为什么计算不可以呢？

一定可以发明出一种让计算变得高效而准确的机器。巴贝奇就是怀揣这种梦想的冒险者，他四处兜售他的计算机梦想。

幸运的是，他早期得到了英国政府的巨额资助，当时这笔巨额资金几乎可以建造两艘军舰。更幸运的是，巴贝奇遇到了洛芙莱斯，她成了巴贝奇事业上的红颜知己。

聪明的洛芙莱斯看到了巴贝奇造出的“计算机”，但她不只看到眼前这些金属装置，更看出了计算机的潜能。洛芙莱斯并没有将计算狭隘地定义在加减乘除等常规数学计算上，在她的眼里，一切皆数，一切皆计算。甚至那些过去看着和数字不相干的事物，例如文本、音乐、图像，在洛芙莱斯的眼里本质上都可以归结为数，归结为计算。

从洛芙莱斯开始，机械变换了一种角色：不仅用来把人们从繁重的体力活中解放出来，更用来把人们从繁重的脑力活中解放出来。而且，洛芙莱斯还表露了一种未来会被无数天才强化的冲动：制造一种机器，让这种机器实现的功能最大限度地与它的物理结构脱钩。这个表述有点儿抽象吧？

老式录音机能实现的功能极其依赖录音机的物理结构，假如录音机没有快进快退键，想要实现快进快退的功能，就必须改造它的物理结构。

相对而言，手机能实现的功能就在很大程度上超越了它的物理结构。一个音乐播放软件需要增加或者减少快进快退功能，只需要调整程序重新迭代升级，不需要更改手机的物理结构。

在自然界，最明显地呈现这种特征的“精巧机器”就是人的大脑。

在人类的成长过程中，大脑的重量、结构、各种物质构成几乎没有什么改变，实现的功能却可以发生巨变，通过不断的学习和实践，大脑可以思考不同的问题，指挥我们的身体做不同的动作，对不同的环境做出更多的反应。或者可以说，我们学的知识、我们的智慧、我们的思想可以成百上千倍地增长或者变换，但这都不需要作为物理基础的大脑也因此有成百上千倍的增长或者变换。也就是说，乔布斯的知识和智慧可能是一个普通大学生的千百倍，但这并不意味着乔布斯的大脑容量要比这个学生大上千百倍或者复杂千百倍。

大脑能实现的功能虽然没有绝对完全，但已经在相当程度上超越其物理结构。洛芙莱斯认为，理想的计算机也应如此，通用型计算机就应该最大限度地降低对物理结构的依赖而实现尽可能多的功能。因此洛芙莱斯提出理想的计算机应该是“软件 + 硬件”的结合。

这就是当今计算机以及其他智能终端的特性，计算机能实现很多功能，装上音乐播放软件就可以播放音乐，装上视频播放软件就可以播放视频，这些都不需要改变计算机的硬件。

这就意味着新型通用计算机将超越狭义上用作数学运算的计算器，它能进行更加复杂的信息处理，包括处理文本、图像、声音……所以，计算机的运用将不再限于科学研究领域，更不会局限于数学运算领域。

过去，在科学与艺术之间存在一条泾渭分明的鸿沟。但洛芙莱斯身上同时流淌着科学与艺术的血液，这让她得以展望这条鸿沟终将被跨越，她提出了一个很重要的概念——“诗意的科学”。

也就是说，终将有一天，科学和艺术会融合，冷冰冰的机器会融入人性的温暖，机器解放的不仅是人们的体力（这是农业时代、工业时代的主题），更是人们的脑力（这是数字时代的主题）。这是推动人类作为一个群体的激情走向巅峰的关键！诗意的科学，这个时代终将来临！

洛芙莱斯虽然预见却没有等来这个时代，她36岁时就匆匆走完了人生的旅程。洛芙莱斯在临终前提出了一个要求：葬在她从未谋面的父亲身边。

洛芙莱斯不知道的是，她畅想的通用型计算机最终确实实现了，但这还要等待几乎一个世纪之久。首先是因为缺钱，巴贝奇把英国政府的拨款花得一干二净，却没有拿出让政府满意的作品，他还粗暴地拒绝了洛芙莱斯接管财务管理的请求。除此之外，要想实现通用型计算机，把思维停留在蒸汽机时代在逻辑上是行不通的，还需要应用普及一种新能源——这种新能源至关重要。

巴贝奇在给法拉第写那封关于洛芙莱斯的信时，他和洛芙莱斯谁都不会想到，后来正是法拉第开辟出的新领域，推动这种新能源的广泛应用，有朝一日会为他们梦寐以求的通用型计算机诞生铺平了道路。这种新能源就是——电！

数是万物的本原

古希腊早期的哲学家热衷于为世界寻找本原，其中毕达哥拉斯学派的本原说比较让人费解，他们宣称“数是万物的本原”。

如果说水、火、土、原子等是万物的本原，大家都还好理解，毕竟这些“本原”都是有形的、存在于具体时空内的，和我们对物理世界的感受还比较一致。但是数很抽象，并不在具体时空中存在，说数是万物的本原，它又是如何演化出万物的呢？

随着数学的发展，人们逐渐对此有了越来越深入的认知，越来越深刻地体会到数的威力。就如洛芙莱斯之前的很多人所认为的，数字只关乎数学，计算是数学的事情。但洛芙莱斯极具远见地看到了数和计算更大范围的应用，例如可以处理文字、图像、声音、视频等。这一下就大大拓展了数字处理的应用范围，越来越好理解数是万物的本原之说。

举两个小例子说明为什么文本、图像能转换为数字，对它们的加工为什么能转换为计算，以帮助大家理解为什么通用计算机的应用范围远远超出数学领域。

1. 文本和数字

有一个非常有趣的数学题目：一个外星人来到地球上，他只用一根魔棒就带走了一套《大不列颠百科全书》，你猜猜他怎么做到的？

看起来有点儿匪夷所思，但其实并没有那么深奥。

假如这个外星人有一根理想的棍子，外星人能在这根棍子上标注一个足够精确的点，把这根棍子分成两段，而这两段的长度始终能够保持严格的比例，那么这根棍子就足够记录《大不列颠百科全书》甚至更多书的信息。

为什么？因为《大不列颠百科全书》内容再多，基本组成就是 26 个英文字母和一堆标点符号。而每个英文字母、标点符号都可以采用二进制编码表示。是的，就是用 0 和 1 的不同组合可编码出来每个字母。例如我们把 a 编码为 1，b 编码为 10，c 编码为 11……

以此类推，整本《大不列颠百科全书》就可以编码为一串长长的数字。这个数字也许非常长，但它始终是个有限的数字。或者说，我们可以用一个位数有限的小数把这个数字表示出来。接着，这个小数可以转换为一个分数。

到这里，答案就很明确了，一本《大不列颠百科全书》其实可以转换为一个分数，而这个分数可以通过棍子上标注点的两边长度记录下来。

所以，外星人仅仅需要一根理想的棍子和一个足够精确的点，就可以带走《大不列颠百科全书》乃至地球上所有的信息。因此，文本和数字之间根本就没有鸿沟。

2. 图片和数字

如果给你一个电报机，你能把一张图片发出去吗？如果把上一个问题想得足够清楚，你就知道这个问题也不是什么难事，无论多复杂的图片，都可以转换为数字。

现在，仔细观察下你的计算机屏幕或者手机屏幕，你会看到它实质是由井然有序的点阵组合而成的。没错，计算机屏幕之所以能显示千变万化的图像，其核心原因在于这些发光小点的组合。每个小点都能发光，光的颜色数量级其实是有限的。但是，当许许多多发光的小点组合起来时，就可以组合成为千变万化的图像。所以判别电脑屏幕性能的一个指标就是分辨率，当组成电脑屏幕的小点越多，分辨率越高，显示的图像逼真度就越高。

任何图片最终可以由有限集的小灯组合出来，而每个小灯的发光方式也是有限集，这就意味着任何图片都可以转换为数字，并且这个数字也是个有限位数的数字。

既然所有图片都能转换为数字，用电报机把这串数字发出去就不是什么难题了。只是你有没有耐心或者是不是考虑成本的问题。

洛芙莱斯能够成为数字时代的先驱，正在于她体现了前文谈到的庄子的一种精神：有足够的想象力，不给自己设虚妄边界。

特斯拉和爱迪生

1884年，爱迪生在他纽约的办公室接待了一个塞尔维亚人，这个塞尔维亚人刚刚只身从欧洲来到美国，并带来了一封爱迪生电话公司巴黎分公司经理查尔斯·巴切洛的推荐信。信中这样写道："爱迪生先生，我认识两位伟大的人物，一位是您，另一位则是这个年轻人。"这个年轻的塞尔维亚人就是特斯拉。

当时的巴切洛很有先见之明，他准确地预见了未来电力时代的两个主角——爱迪生和特斯拉。即便当时特斯拉还名不见经传，暂时栖身在爱迪生的公司。

但未来有一天这两个人会剑拔弩张：爱迪生主张直流电，特斯拉主张交流电。他们俩刀剑相见，不过两人都对电力的普及应用做出了巨大贡献。

早在特斯拉来见爱迪生两年之前，即1882年，爱迪生就在纽约曼哈顿的珍珠街开设了美国最早的商用电厂。到1884年，珍珠街电厂服务了508个客户，点亮了10 164盏灯。以今天的眼光看，这个数量真是少得可怜。

爱迪生规划的直流电供应模式的局限性显而易见：服务能力

极其有限，只能为距离发电站不超过 800 米的客户提供服务，再远的话能耗巨大，不能可靠而经济地供电。要为纽约这样极速发展的大城市提供电力服务，就意味着要不停地在城市各个角落开设电厂。事实上爱迪生也是这样做的，他马不停蹄地开设直流电电厂，等到特斯拉投到他麾下时，接受的任务也是改进直流电的技术细节。

爱迪生许诺特斯拉，如果他能做出突破性贡献的话，就可以获得 5 万美元的巨额奖金。特斯拉真的做到了，但爱迪生竟然食言，他还嘲笑特斯拉不懂得美国人的幽默。所以，不要奇怪为什么特斯拉后来会一气之下自立门户。

在西屋电气公司的支持下，特斯拉打出和爱迪生完全不一样的技术牌——交流电，它经济实惠，服务的半径远远超过爱迪生的直流电发电站。

这让爱迪生非常恼怒，特斯拉不仅触犯了他的权威，而且触动了他的商业利益，如果交流电大规模普及，那么之前爱迪生苦心筹建的直流电电厂就沦为废物。爱迪生开始动用舆论反击特斯拉，他们当着公众的面，用交流电电死动物。在一部反映这段历史的纪录片中，我们甚至可以看到一头大象轰然倒地，这未必是史实，但一定体现了爱迪生的意图。爱迪生甚至推动执行死刑的电椅采用交流电，然后大肆在媒体上渲染死囚被交流电电死的痛苦体验。爱迪生要的就是这样夸张的效果，他要证明交流电是不安全的，大家应该联合起来抵制它。可见，爱迪生非常懂得“降低理解成本”。

当然，技术的决斗不能只是表演秀，而必须在实用的大场景里进行较量。直流电 vs 交流电，该见分晓了！

1893 年，哥伦比亚世博会在芝加哥开幕，这是一个盛大的展会，因为前 1 年（即 1892 年）正是哥伦布发现美洲新大陆 400 周年。博览会园区占地面积 2.8 平方千米，前来参观的人数多达 2 730 万，可谓盛况空前。如此盛会，自然对照明有很高的要求。

爱迪生的通用电气早就对此摩拳擦掌，他们觉得胜券在握。因为通用电气资金雄厚，而且爱迪生手里还握有一张王牌——白炽灯，要知道，白炽灯的发明专利可在他的手里。

如果没有照明设备，只有电力供应是无用武之地的。所以尽管当时西屋电气提供的交流电方案比通用电气提供的直流电方案更加经济实惠，但爱迪生还是对打赢这一仗充满信心。

但让爱迪生大跌眼镜的是，西屋电气最终绕开了他的专利，快马加鞭地赶制出自己的灯泡，只是这种灯泡不太耐用，不得不安排工作人员在现场不时地更换坏掉的灯泡。

在最后一刻，西屋电气赢得了这场灯泡专利战，也赢得了世博会的合同。这是西屋电气的胜利，更是特斯拉的胜利。

博览会专门开辟了电气展览区，在入口处竖起了本杰明·富兰克林的雕像。在这里集中展示了当时的电气成果，西屋电气的展区专门展示了特斯拉的成果。

特斯拉要对爱迪生的“表演秀”做出反击了。要明白，特斯拉不是一个木讷的书呆子，他懂得向观众、企业和投资人直观地证明交流电的魅力的最好办法就是，像爱迪生一样，不依靠深奥的专业表达，演示必须直观，最好让观众秒懂甚至惊呼。

特斯拉也懂得降低理解成本的重要性，所以设计了著名的

“哥伦布之蛋”表演秀。他做了一个金属鸡蛋，把它放在一个木制圆盘中间，给圆盘下面的装置通上交流电后，让人吃惊的一幕出现了——这个“鸡蛋”快速旋转竟然自己站立起来。观众瞠目结舌，虽然很多人并不清楚这一现象反映了交流电的什么特性，但总之借此交流电如神一般存在的效果完美地展现出来。

当一个依靠高压高频交流电供电的无线放电灯在特斯拉手里亮起来时，观众简直震惊得下巴都要掉下来了，特斯拉一下成为众人心目中的神！至此，交流电大获全胜，从此大规模普及开来。

如果特斯拉如爱迪生一样热衷发明且善于打理企业的话，他本应该因此发大财。遗憾的是特斯拉没有。

虽然找不到确切证据，但人们坚信，特斯拉放弃了交流电的专利费，他本可以从交流电里获取提成，如果这个专利得到严格的执行，特斯拉会在短时间内成为世界首富。但特斯拉终身未婚，余生穷困潦倒，最后孤身死在简陋的客栈里。

世界却从此因为这个富有激情的男人而充满光明，巴贝奇和洛芙莱斯憧憬的通用计算机才有了实现的可能，未来的计算机和互联网时代才会崛起。

较之蒸汽机，电能不仅生产、传输、应用效能高，而且受时空限制更少。一个更庞大的工具网络——应用网络因此欣欣向荣地发展起来。这反过来促进了人们生产制造，尤其是创新方式的变革，这才是接下来更加激动人心的篇章的序幕！

电与网络节点

提及进化，进化的关键点是一些重要节点的出现，在既有网络的基础上进化出新的网络，也可以形象地称为“网络跃迁”。

历史上很多重要的发明或发现承载了这种节点的角色。例如语言，正是因为语言的出现，智人能够团结协作，因而在众多古人种中胜出，从此出现了社会关系网络，文明由此进入加速度发展的阶段。又如货币，货币让陌生人之间能够快速建立协作关系，这把人类的协作网络从熟人协作推向了陌生人协作，协作的范围突破了时空的限制，这才有了今天的“地球村”。

由于网络的本质是“连接”，网络规模越大，连接的可能性越多，“涌现”新物种的概率就越高。就如陌生人协作的规模远远超过熟人协作网络，一个国家的规模是一个部落无法比拟的，城市的规模又是乡村无法比拟的，因此国家和城市中诞生创新、诞生各种新物种的概率远远超过部落或者村庄。

电是人类网络进化中一个极其重要的节点。首先电力传输就意味着电力网络的连接效率非常高。

“运动速度”的提升可以直接推动进化的进程，试想，生物进化中，最早的单细胞生物运动速度缓慢，运动范围有限，因此彼此之间的连接受到限制。所以起初生物进化的速度缓慢。但后来生物逐渐进化出了鳞、脚、翅膀，运动的速度和范围大大提升，这就提高了连接的效率和可能性，生物进化开始加速。电力传输速度几乎就是物体运动的极限，所以连接效率惊人。而且作为一种能源，电力不但能实现快速的远距离传输，它的能耗相较于其他能源传输方式也很低。

决定电成为网络跃升节点的还有一个原因，这个原因是其他能源都难以匹敌的，即电不仅是一种能源，更是信息技术的基础。其他能源也可以用来传递信息，例如中国古代用烽火从边关向京城传递军情警报。但是，电力能成为信息技术的基础，一方面因为它的传输速度快，另一方面它所驱动的信息单元可以做得非常小，而且极其精确。

这就意味着以电力为基础的信息技术，信息处理效率高，传输快，可处理的信息量大。这些特点让电力得到广泛应用，最终不仅引发了新一轮的能源革命，更推动了信息技术革命。

1831 年，法拉第发明了人类历史上第一台发电机。

1969 年，互联网诞生。

以电为节点，从能源网跃升到了信息网，巴贝奇和洛芙莱斯憧憬的通用计算机因为有了电力才成为可能。

福特：新世界的"神"？

尽管有很多报道长篇累牍地谈论过福特 T 型车，并把它视为制造业历史上的丰碑，但有一些新的视角会让我们对 T 型车的影响产生新的认知。推荐阅读《美丽新世界》，这个看似荒诞的科幻故事会引导我们从更深层次理解福特给这个世界带来的改变。

1932 年，福特 T 型车已经停产 5 年之久，而美国大萧条余波未尽。就在这一年，英国小说家奥尔德斯·赫胥黎出版了他的科幻小说《美丽新世界》。时隔近一个世纪后，《美丽新世界》居然还在美国亚马逊图书销售总榜排名的前 1 000 名之内，并有 2 000 多名读者在页面上发表了评论。如果熟知美国亚马逊的销售排行和读者评论策略，那么你很清楚这可是超级经典才能享有的待遇，事实上它也入选了有史以来影响最大的 100 部英文小说。

福特本人没有作为主角出现在这部科幻小说里，但他的位置比主角还要高！

在这个新世界里，福特替代了上帝。在提到神的时候，人们不是说"我的主"，而是说"我的福特"。在这个新世界里，纪年方式也改为了 A.F.，即把福特 T 型车诞生的时间视为新纪元的起点。人们不再在胸前虔诚地画“十”字，而是画“T”字。

小说的开篇就直入主题，展现了新世界浓厚的工业气息。在新世界，人不再由父母生出来，而是从工厂里生产出来，“父母”“家庭”这样的词在新世界里都是被人排斥的，“性”被提倡而“爱”被禁止。标准化生产出来的人和标准化的机器搭配，这被认为完美地解决了工厂标准化的问题。

人还被分为不同的几个等级：上等人高大，优越；下等人矮小，卑微。但不同等级的人都能找到属于他们自己的快乐，只是这些快乐是按照商业逻辑在他们很小的时候就用各种方式设计出来的。例如，下等人的婴儿从小就被施加条件反射的训练，让他们不爱读书、厌恶鲜花。因为下等人读书纯属是对社会资源的浪费，而花草是免费的。下等人在婴幼儿时期就被训练喜爱郊区，这样未来可以增加交通费。同时，训练他们喜爱各种运动，因为这些运动需要器材和场地，而这是付费的。

这个新世界让人们进入了所谓的“文明”——远离饥饿、疾病等痛苦，刺激了消费，又解放了“性”等及时愉悦的兴奋。情感、哲思、自我意识等所有可能造成骚乱的因素，都从这个社会扫地出门了。各个阶层各取所需，各有各的快乐。这就是福特大神，他的 T 型车所缔造的世界。

尽管小说表现得有些夸张，但是 T 型车给这个世界带来深刻的改变是不争的事实，它在诞生后短短的二三十年里就被小说家捕捉到了。

福特确实变革了制造业，他虽然没有发明流水线，却把流水线改造技术发挥到了极致。T 型车就是流水线改造的杰作，在

1908—1927 年近 20 年间，T 型车共生产了 1 500 多万辆。

流水线改造不仅加快了 T 型车的生产速度，而且大幅压低了 T 型车的价格。刚开始手工制造的时候，一辆 T 型车售价大概 825 美元，约合今天的 2.2 万美元，但截至 1927 年停产时，T 型车的售价直降到了 360 美元，约合今天的 5 000 美元，还曾经一度降到 260 美元左右，真正实现了福特的愿望——让流水线上的工人都能买得起自己制造的车。

流水线革命一方面大幅提高了生产效率，以至福特公司一度占据美国汽车市场的半壁江山；另一方面提升了工人的工资，推动车从富人的炫耀品转为中产阶级的代步工具。

此外，由于 T 型车推动的汽车制造业革命，美国的公路事业相应得到高速发展，这又带动了更多行业的腾飞——修路的、开商店的、卖汉堡的、放电影的……甚至不少采石场场主都因此发了财。

可以说，流水线革命的胜利，史无前例地提高了物质生产的效率，同时推动了现代都市的崛起。

但如赫胥黎所洞察的，这未必全是好事。例如，两次世界大战武装了上亿兵力，继而使千万人倒在枪林弹雨中。据不完全统计，第一次世界大战各国阵亡士兵和平民数量合计至少 850 万，才 20 多年后，第二次世界大战这个数字飙升到 6 000 万。其中一个重要原因就是制造业的高速发展，高效地生产各类武器，且更具杀伤力。仅 1945 年美军在日本广岛和长崎投下的原子弹就造成约 20 万军民失去生命。制造业的发展确实极大地丰富了物质，但同时也让人陷入了异化。不仅仅是《美丽新世界》，同时代的很多艺术作品都揭示了这一困境，如卓别林的《城市之光》所表现的那样，活生生的人变成了流水线上的螺丝钉，每天都在重复单调的工作：工作是为了挣钱，然后挣钱是为了更好地成为那颗螺丝钉。

人生意义何在？

人是神性、人性和兽性的融合体，要让人进入自我实现的激情状态，确实不能绕开最根本的物质满足，脱离物质满足的所谓激情只能是亢奋。但物质满足只是必要条件，而不是充分条件，即便很多时候物质满足激发的兴奋也会伪装为更高层次的激情。

回过头去，我们可以看出洛芙莱斯的敏锐，在科技还体现为冒着黑烟的大烟囱，粘着黑乎乎机油的大齿轮时，她就预见性地提出了诗意的科学。

我们再重温下她的梦想：总有一天，科学与艺术相结合。冷冰冰的机器终将注入人性的温暖。换句话说，不管科技创造出多么丰富的物质，也不可在技术中丧失人之为人的特质——人是意义的动物。人是唯一能追问意义的生物，一直以来，人是为意义，而不是面包或者汽车这些物质而活。

工业征程未久，就助力扫平了“物质”这个自人类诞生 500 万年来一直备受困扰的障碍，这是人类进击史征程上的一个里程碑。越来越多的人不再因衣食住行而困扰，而是有更多闲余，有激情去思考更深远的问题。

近一个世纪后，看看我们今天的情况，《美丽新世界》所描绘的图景似乎越来越清晰。不少人重视“性”超过“爱”；水和空气这样最基本的生存要素都被设计为赚钱的商品，承载“爱”的婚姻都能变成买卖；各种商家挤破头出现在我们眼前，承诺给我们各种好处，只要我们足够有钱；信息无比丰富，以至我们来不及思考，别人的情绪和思维就在左右我们。

要命的是，我们常常以此为乐，并觉得人生就该如此。这就是“沉沦”。

存在与沉沦

1927 年，就在福特 T 型车停产的那一年，德国哲学家海德格尔出版了他的代表作《存在与时间》。在这本巨著的开篇，海德格尔开门见山地提出，“存在”这个曾经使得古希腊的哲学巨擘柏拉图、亚里士多德为之殚精竭虑的问题，在过去的几千年被遗忘了，现在是对这个问题重新发问的时候了。

海德格尔从“此在”出发来追问存在的意义。什么是“此在”呢？简单地说就是人。

那为什么海德格尔要把人称为“此在”，原因之一正在于前文提到过的背景问题，从来没有脱离具体背景存在的抽象物，人更是如此，任何人都存在于一个具体时间和空间，都是在此时此刻的。没有一个所谓的抽象的人会独立存在。

从海德格尔的视角看，人生在世，和一个杯子、一把椅子放在一个房间里的存在状态大不相同。

从网络的视角看，人生在世，确实有些维度和杯子、椅子在一个房间里的存在是相同的。例如，人会处在物理层面的各种网络之中，会和地球、杯子、椅子和房子构成引力的连接。人的呼吸及各种新陈代谢也在与周围环境从能量，物质网络的各种角度连接。在这个层面上，人和杯子、椅子没有什么不同。

但是毕竟人不同于杯子、椅子，有一些网络会将人和万物区别开，核心就是人的意义网络。欧文·亚隆指出，人和这个世界存在一个根本的冲突：这个世界本来是没有意义的，人却是意义构建的动物。

意义构建意味着一种主动性。也就是说，和人看到颜色、感受到温度等物理属性不一样，意义构建不是一种感知物理属性时在时间上滞后的被动响应，而是一种“超前”的主动构建，这是意义网络和单纯的物理网络大不一样的地方，也决定了人的状态和其他万物不同。

在《存在与时间》中，海德格尔谈到了人的“沉沦”，在萨特那里，谈到了“他人即地狱”。我们仍然使用网络视野审视这个问题。前文就聊到过，人处在网络之中，例如语言网、思维网、文化网。在很多时候，我们常常遵从一种“经济性”原则而不知不觉就接受“他人”的影响，典型的例子就是语言、习俗等。

没有人会自己单独发明语言，而是在“他人”的语言，继而在他人的习俗、思维影响下长大的，在成长过程中，我们非但学会了使用“他人”赋予我们的语言，还潜意识地学会了“他人”赋予我们的情绪、思维等。

在我们之后的成长道路上，当我们独立面对很多问题时，对策看似都出自自己的主张，实际大脑只是“懒惰地”调用了“他人”早就赋予我们，而暗藏在我们潜意识里的影响而已。

我们不会因此感到不快乐。相反，在生理和一些低层次的层面，快乐来得如此容易。一块糖就可以让我们感到愉悦，性带来的快感要比爱更加直接。充满快乐的生活仿佛就是我们想要的理想生活。

但幸福和快乐实质上是两件事情，多少个快乐组合起来也无法构成幸福，没有人是靠不断吃糖来获得幸福的。

有些快乐会伪装起来，仿佛比纯粹生理层面的快乐更高一个层次，例如某些陈旧的道德观念。一旦“沉沦”到“他人”赋予的影响中去，就难以意识到这实质是个陷阱。中国人常说一句话，叫作“死要面子活受罪”，就是这种伪装快乐、沉沦于“他人”的体现。

早些年中国社会特别推崇在婚丧嫁娶时礼尚往来，越是小城市，这种事情会看得越重，无论送礼还是收礼的人，都把这看作面子问题。20 世纪 80 年代和 90 年代中国人普遍收入不高，在一些小城镇如果因为婚丧嫁娶而需送礼的情况集中到来，一些家庭甚至要勒紧裤腰带来凑足面子。不要以为人们会因此难过，相反，他们甚至会在心里有一丝超越生理本能的快感，觉得自己是非常懂礼节、非常给人面子、也非常有面子的人。

这就是一种沉沦于他人、沉沦于风俗的体现。在这种沉沦中，人实际失去的是自我，慢慢地，人的行为就越来越像一台大机器的螺丝钉一样循规蹈矩。沉沦于“他人”的网络里，人与人的关系早就被年龄、辈分、资历、官衔、财富等这些外在标签规定好了，唯独与个人自我无关。

他们也结婚，但不是为了爱，而是为了传宗接代；他们也接受教育，但不是为了独立思考，而是为了谋生；他们也会不断反省自己的行为，目的却是更为老练地配合“他人”；他们会把偶酌一杯或者得到的一个小便宜看作莫大的快乐。

这样的人生是典型沉沦于“他人”的人生，似乎一生就是在走过场，完成规定动作，这样的人生纵有快乐，其实也索然无味。

20 世纪始：生活即艺术

布莱切利园

第二次世界大战期间（1939—1945年），全球至少有6 000万人死于战争，其中包括2 000万名士兵和4 000万个平民。平均算下来，战争只要持续1年，因之丧生的人数就达到上千万。

如果不是因为一些突破性的创新遏制战争，这个数字只会更加惊人！你也许想到了原子弹，但我们在这里要谈的创新肯定不是这种大规模杀伤性武器，而是关于布莱切利园的故事，它位于英格兰米尔顿凯恩斯。

第二次世界大战期间，上万名精英云集于此，破解德国、意大利、日本等轴心国的密码。他们中有顶尖的数学家、国际象棋大师、密码学家……

为什么要耗费如此大量的资源破解密码?

第二次世界大战几乎把大半个世界都卷了进来，它的战场遍布全球，军队常常快速转移，军情瞬息万变，因此需要能跨越千山万水的即时通信工具。

电报作为当时最先进的通信工具被广泛应用，它可以实现不受距离约束的即时交流。不过，电报也存在明显的技术短板。截获电报并不难，架上天线，配齐设备，无线电爱好者都可以成功将其截获，更不用说专业人员。

既然电报轻易就能被敌人截获，那么为了防止泄露重要的军事情报，有效的方法就是给电报加密。因为电报加密后，就算敌人将其截获，也会像看天书一样摸不着头脑。各国因此积极采用加密技术，其中最著名的当属德国密码机。

在包括希特勒在内的绝大多数纳粹分子眼里，恩尼格玛密码机是世界上最强大的密码机，它的密码组合可能性数量级是如此庞大，倘若在当时既有的技术条件下，依赖人工以无穷列举的方法破译恩尼格玛加密过的文件需要上千万年之久。

希特勒当然不会认为自己需要上千万年才能征服世界，因此，破译恩尼格玛加密过的文件被认为是不可想象的事情。

不过，英国人并不屈服。当时，英国人很被动，他们被德国人封锁物资，伦敦街头的人都饿得快要啃树皮了。如果能破译德国人的电报，摸清楚德国人的计划，提前做好应对准备，那就意味着他们不仅有面包吃，还可以防止德国人偷袭，从而逆转局势。倘若还能破解意大利人、日本人的密码，赢得这场战争也许就不是问题了。

在《模仿游戏》这部反映密码战的电影里，艾伦·图灵从开始就给他的团队明确了最大的敌人——时间。

无论这符不符合史实，表述的内容确实是真理：越早破译敌军密码，越能挽救更多人的性命。所以，破解密码就是在跟时间赛跑。

二战时期，这个重任就在布莱切利园秘密进行。

一个秋日，一位杰出的棋手斯图尔特·米尔纳–巴里偷偷从布莱切利园溜了出来，乘车到了尤思顿火车站，然后他跳上一辆出租车，要司机送他去唐宁街 10 号。这不是一个普通的地址，而是英国首相的官邸所在地，时任首相丘吉尔就在这里办公。

斯图尔特怀里揣着一封信，显然，他有重要的事情要直接报告给首相。坐在出租车上，斯图尔特忐忑不安，毕竟这么贸然去见首相，能不能把事情办成，他没有十足的把握。出租车司机对此却似乎司空见惯，到唐宁街 10 号对他来说只是一桩寻常生意，他可不会对车上是不是坐了位赶去见首相的大人物感兴趣，只是面无表情地开车。到了目的地，斯图尔特付清车费，跳下车，按响了门铃。

来开门的当然不会是丘吉尔本人，斯图尔特对引导员说明来意。最后，他只见到了丘吉尔的私人秘书哈维。哈维向斯图尔特保证，他一定会亲手把这封信交给丘吉尔，并向丘吉尔强调这封信的紧迫性。

这封信最终到了丘吉尔手中，他展开信一看，这是封联名签署的求助信，落款的 4 个人都是当时英国鼎鼎有名的天才级人物（也是布莱切利园最早的雇员），除了斯图尔特，还有艾伦·图灵、戈登·韦尔奇曼和休·亚历山大。

这封信单刀直入地告诉首相，布莱切利园正在研发破译机“Bombe”，以破解德军的恩尼格玛密码。这项本应该顺利推进的工作，因为人员和其他资源短缺而搁置了。

信中表明，之所以要直接给丘吉尔本人写这封信，是因为他们已经尝试了常规的渠道，结果那些官员对他们不理不睬，只会耽搁时间。随后，信中详述了各个项目被搁置的情况，并表示牵扯首相的精力实属不得已之举，倘若不这样做，情况真的会更糟糕，希望首相能及时采取行动。信的落款时间是 1941 年 10 月 21 日。

这是封越级上告信，显然，这些天才不想在当时英国低效的行政体系里“打太极”，于是直接去找他们认为最能解决这个问题的人——首相丘吉尔。

丘吉尔看过信二话不说，当即批示：“今天就办好！按照最高优先级，确保他们得到想要的支持，并随时向我报告进展情况。”

到 11 月 18 日，秘书向丘吉尔汇报时，布莱切利园提出的要求虽然没有全部得到满足，但也基本就绪了。在德国封锁外来物资，伦敦街头很多人还饥肠辘辘时，它体现了一个国家对信息战的重视和绝对支持。

希特勒想得没错，倘若使用既有技术，在很大程度上依赖人力，那破解恩尼格玛密码需要上千万年，所以它不可能被破解。希特勒看到的是过去！

但丘吉尔更胜一筹。他虽然不擅长技术，但他和图灵等天才一样相信一件事情——创新。如果能在信息技术领域取得创新性突破，机器或许就能在短时间内完成看似不可能完成的工作。丘吉尔看到的是未来！

图灵领导破解的恩尼格玛密码不是德国密码系统的全部，还有比恩尼格玛密码机更复杂的洛仑兹密码机。布莱切利园需要更多的创新应对德国密码系统的升级。

1941 年 8 月 30 日，一个德国军人发出了两封电报，这两封电报最终改写了历史。希特勒做梦也想不到，他手下一个无名小卒所做的一件小事最终竟然成为德国顶级密码系统溃败的导火线，说其间接造成德意志第三帝国垮台也不为过。

这两封电报之所以重要不是因为它们的内容，而是因为发报人没有调整密码机就把同样的内容发了两次，只对其中的标点符号做出些许修改。这两封电报和其间些许微妙的区别很快被布莱切利园的密码分析员约翰·迪尔曼灵敏地捕捉到，他凭借深厚的密码学功底，在没有计算机协助的情况下，最终竟然剥离出了密文。这是个突破性的进展，但如何阅读德军加密后的信息，大家还是没有头绪。众人束手无策，索性死马当活马医，把这个任务交给了进入布莱切利园不久的年轻小伙子图特。

后来成为图论大师的图特独辟蹊径，找到了破局的关键路径。1942 年 11 月，图特发明了“1+2 破译法”，此外，他还设计出一套新的统计方法，解决了手工破解速度难以跟上德国密码系统更新速度的问题。但图特这些算法的灵魂还需要注入强大的躯体，以摆脱手工操作的限制。

1943 年 2 月，图灵把汤米·福莱尔斯调到麦克斯·纽曼麾下，协助纽曼破解德军的洛仑兹密码。尽管得到图灵的赏识和举荐，但福莱尔斯不想享有图灵的既有成果而止步不前。他要创新，用更具突破性的成果对抗德军更复杂的加密系统。

福莱尔斯大胆构建了一个新的电子破译机系统，构想中的大家伙被福莱尔斯的同事们戏称为“巨人”。称其“巨人”真是名副其实，制造这个大家伙计划用掉大约 1 800 个真空管，而当时一般的电子设备只使用 150 个真空管。

之所以要限制真空管的使用数量，是因为真空管不稳定。大量使用真空管构建的破译机，其系统是否稳定就很容易让人怀疑，福莱尔斯的“巨人”受到了前面提到的数学天才戈登·韦尔奇曼的质疑。

福莱尔斯拿出了证据证明只要控制得当，“巨人”的系统一样是稳定的。他举例称，当时的英国电话系统使用了数千个真空管，只要环境稳定，系统一样安全可靠（这是福莱尔斯的本行）。布莱切利园的管理层对此并没有完全信服，他们只是说福莱尔斯既然认为可行，可以试一试。

接下来，福莱尔斯不得不在“邮局研究实验室”开展工作，甚至最后不得不自己掏腰包打造“巨人”。

1944 年，“巨人”开始在布莱切利园运行。实践证明，这种机器不仅运行平稳，而且效率和速度远超洛仑兹密码机，破解洛仑兹密码轻而易举。

布莱切利园的创新一项接一项，破译了越来越多的德军电报。他们在电报上读到越来越多德国将领的名字，最后截获了希特勒签名的电报。这时，英国的将领们就如身处德军等轴心国的司令部，对其动向了如指掌。

为了不让自负的德国人知道他们的密码系统已经被破译，布莱切利园的行动是绝对保密的，对外放出的风声说英国人获得的情报来自潜伏在敌军内部的间谍。德国人为他们的自负付出了沉痛的代价，他们固执地认为自己的密码系统举世无双。这种固执让他们在战场上越来越被动。天知道他们为了抓出那所谓的“内部间谍”引发了多少内斗。

正义最终的胜利就要到来！

1944 年 6 月 5 日晚，德军截获的零星情报已经显示盟军有可能在诺曼底登陆，但没人告诉希特勒这一情况，他兴致勃勃地跟随从们讨论了一晚上电影和戏剧，差不多凌晨 3 点才睡下。

其实，早有几个德国将领很肯定盟军会选择在诺曼底登陆，但他们的声音显得太微弱了。当时，德军内部以希特勒为首的主流群体的意见是：盟军就是要故弄玄虚，把德军引到错误的地方，比如诺曼底，而事实上他们更可能在加来登陆。

盟军确实在故弄玄虚，不过他们是想把德军的注意力吸引到加来，而不是诺曼底。

当太阳升起时，根据前线反馈回来的情况基本可以确认：盟军就是要在诺曼底发起进攻。但是，没人敢叫醒希特勒，告诉他这个几乎板上钉钉的事实。

希特勒美美地睡到了差不多中午，这真是件不应该的事情，更不应该的是，他听完关于诺曼底战况的汇报后居然悠悠地来了句："哦，这再好不过了！"在他看来，不堪一击的盟军怎么可能如此胆大包天，居然在德军强大的炮火下，不惧风浪从诺曼底冲上来，这不是找死吗？

所以，直到午后希特勒才慢条斯理地批复了支援诺曼底的行动计划。随后，他居然还有兴致去参加为新任奥地利外相举行的招待仪式。

希特勒没有想到的是，他和一干德国将领在电报往来中对盟军登陆的误判，早已被布莱切利园破译掌握，并报告给了盟军领导。这还不是关键，关键是德军的布防，尤其在诺曼底的军队部署，早就被布莱切利园调查得一清二楚，甚至包括飞机、轮船的检修细节。无论在兵力装备上有多悬殊，当底牌被对手看得一清二楚的时候，希特勒就没有不败的道理，何况他还自大轻敌。

1944 年 6 月 6 日，这个被称为“最长的一天”的特别日子，盟军近 18 万士兵成功登陆诺曼底，这是第二次世界大战历史上富有转折意义的一战。从此，希特勒腹背受敌，仅仅 1 年就走向了灭亡。

1945 年 4 月 30 日，希特勒自杀。

据估计，得益于布莱切利园在破解德军及其盟友的密码方面做出的贡献，整个战争提早了近两年结束，所争取的每一分每一秒背后都是成百上千幸免于难的鲜活生命。图灵和他的伙伴们的工作不仅在战时是秘密进行的，战后很长一段时间内也无人知晓。

艾伦·图灵为现代计算机提供了理论基础，他在布莱切利园所做的创新推动了计算机的出现和发展。但他后来因为其同性恋倾向而备受指责，于 1954 年自杀。

英国政府直到 2009 年才为他的死道歉，2013 年才赦免了图灵所谓的罪名。图灵的故事被改编为电影《模仿游戏》。

其实，不仅仅是图灵，第二次世界大战期间，在布莱切利园工作的人有 1 万名左右，英国当时许多顶级天才都云集在此，如我们前面提到的图特、福莱尔斯。但由于保密需要，他们的故事在很长一段时间不为人知晓。他们不仅帮助世界赢得了至关重要的大战，而且推动了此后一个更重要的时代——计算机和互联网时代的崛起。

在此之后，财富的定义发生了变化，人类创造财富的潜力被大幅度发掘出来，通过科技创新获得的财富逐渐赶超掠夺所得。只有到这个时候，才能最大程度减少战争带给这个世界的创伤！

财富观的变迁：当现实超越梦想

生活在南苏丹的丁卡人还处在田园牧歌式的农业时代。

对丁卡人来说，衡量财富的最重要的标准就是拥有多少头牛。牛在他们的生活中扮演着极其重要的角色，在丁卡人的部落里，女人更愿意嫁给拥有牛的数量多的男人，男人也必须要用足够多的牛来下聘礼才能娶到心仪的姑娘。

丁卡人的财富观其实就是原始社会的写照。在这种文明状态下，人们笃信的财富是有形的物质，例如牛，或者其他可以填饱肚子的猎物、醉人的美酒、御寒的兽皮衣服。

金钱出现后便成为人们笃信的财富。巴尔扎克在《葛朗台》里塑造出了一个经典的老守财奴形象——葛朗台，他只有数着金子睡觉，心里才觉得踏实，在他快要死的时候，一直看着金币，最后才恋恋不舍地闭眼。

金钱超越了具体的物质，人对金钱的依赖乃至贪恋，其实是因为金钱背后蕴含着社会分工和人们对社会网络的信任。例如，铁匠从事的工作与获取粮食没有直接关系，铁显然不能用来填饱肚子，但铁匠不会担心自己饿死。因为他相信，一旦他打铁赚到钱，就可以从农民或者猎人那里购买自己想要的食物。而且，除非社会发生大的动荡，否则铁匠不会担心自己有足够的钱却买不到食物。

文明越发展，脱离具体物质形态的财富观越凸显。

荷兰人冒着风险从葡萄牙、西班牙这样的航海霸主那里偷来航海图时，那几页纸上承载的信息的价值远远超过了粮食、酒或者衣服。

和具体的物质不同，信息依赖物理载体而存在，却又超越具体的物理载体。人们容易产生一种错觉，信息似乎不像具体的物质那样，信息没有稀缺性。假如你有一只羊，被人偷走了，你当然就没有了这只羊。看起来，信息似乎不是这样。

有一个经典的笑话，是说一个所谓的诗人"写"了一首诗，得意扬扬地四处炫耀，一位批评家立刻指出他这首诗是抄袭的，诗人因此气急败坏，要求批评家道歉，否则就要跟他决斗。最后这位批评家道歉了："非常抱歉，我本以为是你偷了那首诗，但昨天我翻开书时，它还躺在那里！"

这当然是个讽刺笑话，但它容易让人们误会——以为信息不具稀缺性，取之不尽，用之不竭。

第二次世界大战结束后，关于这一时期的各类图书汗牛充栋，这些书深入细致地描绘了战士的勇敢、领袖的英明、武器的精良、战局的变化莫测。但在早期英国政府没有解禁之前，罕有书籍和文献提到布莱切利园，提到图灵这群天才在这个时期做出的特殊贡献。

希特勒能轻易通过军事情报掌握盟军的现实兵力情况，但他很难知道英国背后的这支秘密队伍是如此强大，他们对纳粹造成的威胁不亚于任何一支奔走在欧洲大陆的雄师劲旅。

确实，信息战如此隐秘，对它的忽略并不是由于个人的偏见，而是来自群体的认知。第二次世界大战时期，电子计算机初具雏形，许多人都不知道信息技术会给这个世界带来翻天覆地的改变。

金融危机后，2009 年，一个化名“中本聪”的人提出了一种全新的货币概念——比特币。这种货币在短短几年之内就席卷全球，成为科技界和资本界热议的对象，许多人疯狂地参与比特币挖矿或者是其他投机行为。

历史上，比特币是第一个完全以信息技术做信用背书，而不依赖任何具体物质或者政权做信用背书的货币，它的总量只有 2 100 万个，不可以超发，能最大程度抵制通货膨胀。比特币依托区块链技术记账防伪。这些特点使比特币成为一种革命性的货币。2001 年，一个美国程序员花了 10 000 个比特币买了 2 个比萨饼，不知道他现在会不会有点儿后悔，因为这 10 000 个比特币在后来的热潮中曾经一度价值 2 亿多美元。

曾几何时，我们的现实总是追不上我们的梦想，所以才有了“梦想很丰满，现实很骨感”的感叹。今天，我们的现实开始超越我们的梦想，我们不得不时时重新审视我们的财富观，以免它在不经意间就过时了！

1969年

1969年1月20日，放在日历上这只是一个按部就班、无喜无忧的纪年方式。美国第37任总统尼克松也认为如此，这一天，他在华盛顿发表了就职演说。

按照尼克松的说法，历史上的每个瞬间都是独一无二、转瞬即逝的，而且从不会出差错。尼克松道出了自然规律客观甚至呆板的一面，时光就是这么无情而均匀地流逝，虽然一些现代物理学家、哲学家不这么认为，但这就是我们每个人的真实感受。

不过，历史毕竟是人的历史，即便时间作为历史的刻度显得冰冷而无情，但它所包容的画卷是波澜壮阔、激情澎湃的。因此，尼克松话锋一转："在历史上，总有那么些瞬间注定会承载'起点'的使命，未来数十年，乃至数个世纪的轨迹由此缘起！"

他的这句话很快就得到了印证。

诺克斯单人环游世界

1969年4月22日，英国人诺克斯·约翰斯顿驾着他的小船抵达了英国的法尔茅斯港，成为历史上第一个单人无停留航海环游地球的人。

诺克斯的整个环球旅行用时不到1年，驾驶的也不过是一艘不足10米长的小船。他没有开拓贸易发大财的梦想，只是参加了一个名叫“星期日金秋杯”的比赛，而且诺克斯还把他赢得的5 000英镑慷慨地捐赠给了他的竞争对手唐纳德·克莱斯特的家人，因为唐纳德在比赛中自杀了。

这和4个半世纪前，麦哲伦怀揣着财富梦启航的首次环球航行形成了鲜明的对比。麦哲伦的船队规模浩大，耗费的成本惊人，环球行程耗时3年之久，包括麦哲伦在内的200多名船员死在途中。

那时的麦哲伦船队洋溢着希望和勇气，但他们缺少科技的支持，甚至没有一张像样的世界地图，连确定船队的具体位置都很困难，一旦船队进入汪洋大海，就与陆地彻底失去联系……

在麦哲伦所处的时代，环球航行一切都靠运气，只有极少数运气好的人最终挣扎着回到了故土。

身处1969年的诺克斯当然不是靠运气，他更多地凭借人类的科技成果。在他所处的时代，不仅有完整精确的世界地图，而且有各种导航设备，人们早已经谙熟洋流、季风、气候等状况，远距离通信早已经不是问题，精确定位船的位置更是毫不费力……

诺克斯能单枪匹马完成环游地球之旅，不是他个人比麦哲伦的船队更强大，而是他所处的时代远比麦哲伦所处的时代强大。

“阿波罗 11 号”登月

1865 年，法国著名科幻小说家儒勒·凡尔纳出版了小说《从地球到月球》。在小说中，凡尔纳大胆构想：3 名宇航员乘坐一枚空心炮弹，由一门特别的大炮从地球射向月球。

这在当时就是个胆大狂妄的念头，那时不要说登月，人类甚至还没能挣脱地球引力实现自由的飞翔。直到 1903 年，才有莱特兄弟驾驶飞机飞向天空，而且他们当时挣扎着也只飞了几十米的高度。凡尔纳居然一下就想飞到 38 万公里之外的月球去。

但仅仅在一个多世纪后，1969 年 7 月 16 日，“阿波罗 11 号”在美国佛罗里达州肯尼迪航天中心发射成功，奔向月球。阿波罗发射的大致地点竟然被凡尔纳预言中了，而且宇航员也如小说中所描述的那样，恰恰是 3 位。

1969 年 7 月 20 日，飞行了 4 天之后，“阿波罗 11 号”逼近月球。全世界的人都屏住了呼吸，期待揭开人类千百年来无数次憧憬的月球的神秘面纱。

更紧张的是“阿波罗 11 号”的地面控制官史蒂夫·贝尔斯，他不能像 400 多年前的麦哲伦那样仅仅凭借勇气和经验指挥如此庞大的项目。

从地球到月球这一个来回充满了太多的未知，也许人们可以用欧洲的情况推想非洲的情况，但人们显然不能用地球的情况推想月球的情况。所以，登月前必须有一次精密的计算。自 1961 年时任美国总统肯尼迪提出登月计划以来，在“阿波罗 11 号”之前已经做过多轮探索测试，每一次探索都能在上一次的基础上摸清更多从地球到月球航程的关键步骤，到“阿波罗 10 号”的时候，人类已经与月球咫尺之遥了。

之前的探索积累了大量的资料和数据，阿波罗计划是非常精密的行动，需要大量的计算作为支撑，掰着手指头的计算方式当然不可行，使用对数表的时代也早已过去，计算机应运而生。尽管当时的计算机算力甚至难以与当今的智能手机相提并论，但它在阿波罗计划中发挥了举足轻重的作用。

问题出现在最后一刻——计算机突然提示“执行溢出”错误。这是一个至关重要的时刻，史蒂夫·贝尔斯需要在瞬间做出判断，是就此放弃登月计划，还是让宇航员继续奔向月球。

一个小小的失误将使千万人的心血付之一炬，3 名宇航员也可能葬身太空。这不是危言耸听，“阿波罗 1 号”的事故就葬送了造价高昂的飞船和 3 名宇航员宝贵的生命。

犹豫了几分钟后，贝尔斯毅然做出决定——继续登月。

7 月 20 日，“阿波罗 11 号”有惊无险地着陆月球。停了 6 个多小时之后，宇航员阿姆斯特朗走出了“阿波罗 11 号”，踏上了月球的土地。

阿姆斯特朗说了一句非常重要的话：“这是我个人的一小步，却是人类的一大步。”阿姆斯特朗说得没错，从这一小步开始，人类首次在地球之外“连接”了另一个星球，开拓了“星际网”。

7 月 24 日，3 位宇航员成功返回地球。人类的第一次登月之旅只用了 8 天 3 小时 18 分 35 秒。没有宇航员在这次漫长的旅程中牺牲，一切都在精密计算的掌控之中。

互联网诞生

1969 年 10 月 29 日晚，在美国加州大学洛杉矶分校，克莱罗克正带着他的学生尝试进行计算机间的通信。和登月的盛况不同，没有政要、明星到现场助威，也没有媒体蜂拥而至，这就像一个普通的实验，仅此而已。但历史表明，这个时刻恐怕在相当长时间内比登月的影响力还要大。

是的，这就是互联网诞生的时刻。

克莱罗克的团队尝试向位于斯坦福大学的一台计算机发送信息。有些讽刺的是，当时他们还需要用电话保持联络，以防网络突然中断。

历史上通过互联网传输的第一则信息是文本信息——LOGIN。输入第一个字母"L"后，克莱罗克迫不及待地在电话里追问："有了吗？"

电话那头肯定地回答："有了。"

太令人兴奋了，接着输入下一个字母"O"，克莱罗克又赶快问："有了吗？"

电话那头又肯定地回答："有了。"

然后是下一个字母"G"，但这次没有得到肯定的答复，因为计算机死机了。

因此，出现在互联网上最早的一则信息是两个字母——L 和 O。

"这就是'你瞧'（lo and behold）的意思，"克莱罗克解释道，"你瞧，一个新时代到来了。"不过，"你瞧"听起来更像是孩子的自我炫耀，远不如阿姆斯特朗的那句“这是我个人的一小步，却是人类的一大步”的影响力大。

但这个时刻可能更加深刻地诠释了阿姆斯特朗说的那句话。在过去半个世纪里，全球有超过一半人口因为互联网的崛起而迁入了数字世界，堪称人类历史上规模最大的史诗级迁徙！

洛芙莱斯预言的时代——“诗意的科学”时代正式拉开序幕。

诺贝尔经济学奖设立

1969 年，首届诺贝尔经济学奖颁给了挪威经济学家朗纳·弗里施和荷兰经济学家简·丁伯根。

赫赫有名的诺贝尔奖设立于 20 世纪初，1901 年，分别颁发了首届物理学奖、化学奖、生理学或医学奖、文学奖和和平奖。也就是说，最初的诺贝尔奖并不包括经济学奖，那为什么诺贝尔奖创立了半个多世纪后又要设经济学奖呢？

主要原因在于，自 20 世纪 20 年代起，数学（尤其是统计计量方法）被广泛应用于经济学。由于数学在经济学中的不断渗透，使经济学如虎添翼，很好地解释了诸如经济增长，周期性波动等复杂经济问题，这就使经济学研究走出了之前文学式描述造成的模棱两可的困境。

用埃里克·伦德博格教授的话来说，过去几十年里，经济学的数学化或者说计量化之路被证明是胜利的，所以才新开辟出这个奖项，激励那些用经济学给这个世界带来福音的人。

毫无疑问，作为诺贝尔经济学奖首届获奖者，朗纳·弗里施和简·丁伯根在数学建模方面做出了杰出的贡献。第二届的获奖者正是大名鼎鼎的保罗·萨缪尔森，他的重要贡献之一也正是为计量经济学奠基。当然，萨缪尔森比很多诺贝尔经济学奖得主更为大众知晓，这要得益于他的巨著《经济学》，这本书在他有生之年被翻译成 40 余种文字，共出了 19 版。

理解了诺贝尔经济学奖设立的缘由，就不难理解为什么自设立以来，尤其是在早期，大多数诺贝尔经济学奖颁给了计量经济学家，有时甚至颁给看似和经济学无关的数学家。

早年可以不写高深的数学公式就能获得诺贝尔经济学奖的人可谓凤毛麟角，鼎鼎大名的哈耶克就是其中之一。他是 1974 年诺贝尔经济学奖得主，在获奖致辞中，他毫不客气地质疑经济学效仿自然科学的企图，认为这有可能会造成全盘失误，市场取决于很多个人的行为，无法进行完全计算。

但数学在经济学中的渗透已成事实，也许诺贝尔经济学奖的设立弥补了诺贝尔奖之前一个重大的遗憾——没有数学奖。经济学为数学找到了大家看得见、感受得到的用武之地。大多数人只是把爱因斯坦的质能方程（$E=mc^2$）当作谈资而已，但他们会因为通货膨胀让自己口袋里的钱贬值而心痛。所以，说诺贝尔经济学奖的另一面是数学奖，充分证明了数字对这个世界的重要性也不为过，虽然诸如哈耶克反对过这样的做法。

一个多世纪前被洛芙莱斯超前预言的数字时代，终于在 1969 年正式翻开了它的互联网正文。

尼克松在他的就职演说里还说过这么一句话："我们未必能做到与世界上所有人都成为朋友，但我们可以做到不与任何人为敌。”他替一个新时代道出了心声：一旦整个世界被数字连接起来、驱动起来，我们创造财富要远比我们掠夺财富来得划算。那么为什么我们不携起手来而非要刀兵相见呢?

人类终于将激情主要付诸建设而非掠夺。

互联网小史

2012 年，伦敦奥运会开幕式现场，一位年过半百的男子被请到现场，他获得一份殊荣——在舞台中央一台老式的 NeXT 电脑上敲下了一行字：“献给全人类的礼物。”这行字通过大屏幕闪亮全场，也通过直播的镜头传遍全世界。

这个男子就是“万维网之父”蒂姆·伯纳斯–李，他献给全人类的礼物就是万维网。当初，作为发明者的蒂姆·伯纳斯–李放弃了对万维网专利的申请，让更多人享受到互联网的红利。

人们沸腾了，纷纷以各种方式向“万维网之父”致敬。

互联网虽然诞生于 1969 年，但在万维网诞生前它一直未被普及。原因在于在万维网诞生之前，上网是个技术活，需要受过特别的训练才能上网冲浪。为了让大众都能享受互联网的乐趣和便利，20 世纪 80 年代末 90 年代初，蒂姆·伯纳斯–李在 NeXT 上敲出了万维网。（NeXT 是 1985 年乔布斯被他自己创办的苹果公司扫地出门后，再创的电脑品牌。）

有了万维网，人们可以使用浏览器直接上网冲浪，上网的门槛大幅降低，这才让越来越多的人发现互联网的好处，网民数量直线增长。到 2017 年，全球 70 亿人中网民人数超过一半。

1995年8月9日，网景公司上市，其主营业务正是浏览器。虽然当时人们都说不出这家才成立一年多的公司究竟靠什么赢利，但丝毫不影响公众对它的关注。上市当日，网景的股价一度飙升到每股75美元，当日收盘后，它已经是市值29亿美元的公司。尽管不可避免地伴随泡沫，但互联网从此和商业网络结合得越来越紧密。

和信息网络结合，所以有了雅虎、谷歌、新浪、搜狐……

和零售网络结合，所以有了易贝（eBay）、亚马逊、淘宝、京东……

和人际网络结合，所以有了脸谱网、聚友网（MySpace）、领英、微信……

和交通网络结合，所以有了优步（Uber）、滴滴、摩拜单车……

和金融网络结合，所以有了PayPal、Lending Club、Capital One……

互联网深刻地改变着我们，改变着智人的进化方向。

不过，即便到了今天，互联网对这个世界的改变其实也刚刚开始，而不是进入尾声，我们距离万物互联的状态还有很远的距离。以医疗为例。今天你走进医院，会发现一旦患有稍微复杂一点儿的病，患者就不得不游走在不同的科室之间，因为每个科室只能看范围相对有限的专业领域的病。遗憾的是，人生病的时候不会按照医院科室的设置方式发生。每个科室都会开出检查单，让患者查血、验尿、做 B 超、做核磁共振……只有在拿到科学诊断的结果后医生才能进行治疗，而这意味着患者常常要为做不同的检查甚至要排队好几个月。这就是医院的现状，它本该以病人为中心，现实却不是。

如果真正能实现万物互联，患者足不出户就能顺利完成那些本该在不同检查中心完成的检查项目。恰如我们在零售业、交通业等所享受的服务，足不出户，就可以便利地购物或者叫车，一切以消费者为中心。

专家会告诉你，那些复杂的医疗检查项目肯定需要依靠专业机器来完成。这不重要，19 世纪巴贝奇造差分机的时候，这个只能做数学运算的机器要占半个屋子，今天功能超出它千万倍的手机却被我们随身携带。

医疗只是一个缩影，它告诉我们，互联网的渗入还没有我们想象的那么深入。从另一个角度思考，互联网即将为这个世界带来的改变会更为壮阔。

尽管有类似《未来简史》这样优秀的作品畅想未来，但正如在 30 亿年前地球上出现简单的生命形态和 30 亿年后演化出智人这样的物种一样，对比源头，智人的出现简直不可想象。

同样，未来也不可想象，因为互联网的连接能力史无前例，它仅仅用半个世纪就将全世界一半以上的人连接进来，而且其效率之高、速度之快，是之前语言网、交通网、贸易网、人际网等网络都难以比拟的。

所以，未来一定会有很多我们想象不到的新物种涌现出来，这也是凯文·凯利所著的《失控》一书书名的要义，我们一定会进入那么一天——现实真的会比梦想跑得快得多。

麦哲伦面对的是缺失带来的迷失，而当今人类将面对过分盈余带来的迷失。

无论要走出哪种迷失，都要满怀激情！

硅谷崛起

关于斯坦福大学的来历，有这样一个著名的坊间传说。

一对乡下夫妇来到哈佛大学，要求见校长。接待人员对他们并不热情，让他们坐冷板凳，等了好几个小时，最后好不容易才和校长见上面。这对夫妇说明来意，他们的孩子非常喜欢哈佛大学，但在考入哈佛不久之后，就因意外而去世。因此，他们非常愿意给哈佛大学捐赠一笔钱，条件是哈佛大学在校园里为他们的孩子留下些纪念，比如，他们可以捐赠一栋用他们孩子的名字命名的大楼。

哈佛校长不以为意，他请这对夫妇想清楚，捐赠一栋大楼究竟需要多少钱。如果冷静下来想想，他们会发现这是个天文数字。哈佛校长的冷淡让这对夫妇很受伤，他们愤然离开哈佛，回到了美国的西部，在加州创立了一所以他们孩子的名字命名的大学——斯坦福大学。

这是个半真半假的故事。

真实之处在于，斯坦福大学确实是利兰德·斯坦福夫妇为了纪念他们早逝的儿子创立的。小斯坦福在1884年死于伤寒。失去唯一的爱子，老斯坦福夫妇痛心不已，在1885年创立了斯坦福大学。谬误之处在于，利兰德·斯坦福可不是乡下人，他是美国赫赫有名的铁路大王，还出任过加州州长，在当时的美国也是个风云人物。你觉得见多识广的哈佛校长会认不出这位美国大财阀吗？

不过，这个传说在一定程度上暗示了斯坦福大学不同于哈佛大学的气质。美国著名的大学大多集中在东部，当时优秀的人才大都跑到东部去读书，找工作。对比成立于1636年的老牌名校哈佛大学，年轻了200多岁的斯坦福大学确实是个小弟弟。但谁也没想到，斯坦福大学之后不仅把很多优秀人才留在西部读书、就业，而且成为硅谷崛起的主力发动机之一。

1924年夏，刚在麻省理工学院拿到博士学位的弗雷德·特曼兴冲冲地回到了斯坦福大学，他原本打算秋天重新回到东部的麻省理工学院，谋一份助理教授的差事。特曼没有想到的是，病魔向他袭来，从此改变了他的人生。他患上了严重的肺结核，回麻省理工学院的计划就此搁浅。

接下来的一年里，特曼不得不躺在床上忍受病痛的折磨。当时对结核病没有什么特别好的疗法，一些医生甚至对特曼的病情非常悲观，给他的忠告差不多就是好好准备后事吧。

雪上加霜的是，特曼的阑尾也出了问题，眼睛也不好使了。在很长一段时间里，他只能无力地躺在床上，为了尽可能地固定住胸部，他身上还压着沉沉的沙袋……

就是在这么让人绝望的情况下，特曼仍然挣扎着在病床上开始构思他的处女作《无线电工程》，该书最终于1932年出版，成为无线电技术史上的里程碑著作。

顺带提及的是，特曼在病床上还想着无线电技术可不是单纯为了转移注意力。多年以后，当第二次世界大战打起来时，正是这个差点儿死在病床上的特曼出任了哈佛大学无线电研究实验室的主任。和英国的布莱切利园一样，这是个战时高度机密的机构，精英云集，他们研究无线电通信情报，想方设法"弄瞎"敌军的雷达，为这场战争的胜利立下了汗马功劳。

那是后话了，病床上的特曼体现了对生命的激情，死神最终放过了这个富有能量的年轻人。这场病把特曼留在了斯坦福大学，他接受了斯坦福大学的教职工作。最开始的时候，特曼大多数时间都要躺在床上，每天只能挣扎着起来去上课，并且只能持续两三个小时。由于工作的时间非常有限，特曼就有意培养自己强大的工作习惯，让自己能在短时间内迅速集中意志高效地工作，这样既保证有充足的时间休息，又可以在短时间内出色地工作，做到真正的养精蓄锐。特曼的朋友打趣地赞誉他的工作状态：如果你只给特曼 10 分钟起草一份文稿，他会把 9 分 50 秒的价值发挥到最大。

到了 1927 年，特曼的身体状况已经恢复得非常不错，他被斯坦福大学聘任为电子工程系助理教授。到了 1937 年，也就是特曼 37 岁时，他已经升任教授，成为电子工程系的掌门人。

在特曼的经营下，斯坦福大学电子工程系蒸蒸日上，越来越多的才俊云集于此。

多年以后，当戴夫·帕卡德回忆起自己生命中经历过的那些曾经看起来无关紧要，后来却被证明对自己一生的事业形成至关重要的大事时，他认为自己有两件事值得称道：一是他 1929 年去参观斯坦福大学时深受触动，从而决定到这里读书；二是他在斯坦福大学认识了弗雷德·特曼。

帕卡德感到很荣幸，他是第一个被特曼邀请攻读他的专业课程的大学生。在帕卡德眼里，特曼富有魅力，居然能把无线电工程这么枯燥无味的课程讲得如此出神入化，这让帕卡德深深爱上了这门学科。

在斯坦福大学，帕卡德还认识了一个对他未来事业的形成影响至关重要的人——比尔·休利特。比尔·休利特是个充满好奇心的人，他擅长自然科学，却有阅读障碍，因此不是所有人都看好他的未来。

据休利特自己回忆，他中学毕业时，母亲恳请他的中学校长写一封推荐信，好让休利特能去斯坦福大学读书。但校长表示很为难，因为他觉得休利特的成绩实在没有值得称道的地方，他想不出理由能推荐休利特进入斯坦福大学。

休利特的母亲给出了一个理由：休利特的父亲在斯坦福大学教书（休利特的父亲是斯坦福大学医学院的教授，但在休利特 12 岁时因为脑瘤去世了）。校长立刻回忆起了休利特的父亲，并认为他是自己教过的最好的学生。然后，休利特就得到了一封推荐信，进入了斯坦福大学。

在斯坦福大学的课堂上，帕卡德、休利特等人成为很好的朋友，并都从特曼那里受益匪浅。

特曼是个极富能量的人，这种能量远远溢出了课堂的范围，他始终保持着对现实商业世界的关注。根据很多特曼身边的人后来回忆，当时电子工程领域的出色人物，特曼差不多都认识。这就不令人感到奇怪为什么特曼不是只会在象牙塔里讲课，而是带着帕卡德、休利特等得意门生四处拜访参观当时有代表性的无线电工程公司。

游学多了后，特曼语重心长地对他的弟子们说：看到了吧，许多响当当的无线电工程公司其实都是受教育不多的人做起来的。如果理论基础足够扎实，投身这个行业一定会大有作为。

所以，在特曼的“怂恿”下，帕卡德和休利特决定成立自己的公司。特曼为两名年轻人的事业做了很多铺垫工作，这家公司从构思到成立一波三折，花费了好几年的时间。其间，特曼付出了很多努力，到 1938 年，特曼还为帕卡德在斯坦福大学争取了一个研究生名额，每年能拿到 500 美元的奖学金，这让新婚不久的帕卡德又能和休利特聚在一起创立公司。

公司决定用两位创始人的名字来命名，这在美国不少著名公司取名时很常见，例如宝洁（P&G）。帕卡德和休利特采用掷硬币的方式决定两人名字的先后顺序，结果休利特赢了，他的名字就被排在了前面。

1939 年，这家名为惠普（HP）的公司在帕洛阿尔托市的爱迪生大街 367 号的一间小车库里成立。今天，如果你到这间车库去参观，会看到这里竖着一块牌子，上面写着“硅谷诞生地”。

这间车库就是世界上第一个高新技术区——硅谷的诞生地。这个理念源自斯坦福大学教授弗雷德·特曼，他一直鼓励他的学生在这片沃土上创业，而不是跑到东部加入既有的公司。最早接受他建议的两个学生就是休利特和帕卡德，1938 年，他们就在这间车库开发了自己公司最早的产品——音频振荡器。

其实，弗雷德·特曼的父亲也值得一提，他叫路易斯·特曼，是斯坦福大学教育研究院的教育心理学家。

为什么值得一提呢？要知道，我们今天流行的智商测试就是老特曼主导研究的。

老特曼曾经召集很多天才儿童做智商测试，这些孩子确实表现不俗，在老特曼的测试中，有人的智商达到了 170 甚至更高。这些孩子后来也在各个领域做得不错，不过不知道为什么，老特曼有意无意地忽略了一个来自硅谷的帕洛阿尔托的孩子，他叫肖克利。

很多年以后，肖克利因为和约翰·巴丁、沃尔特·布拉顿共同发明了晶体管，摘取了 1956 年的诺贝尔物理学奖，并和他的儿子弗雷德·特曼并称“硅谷之父”。所以，后世的传记作者常拿这个案例讽刺老特曼，在他早年测试的高智商孩子中，没有一个人达到如此高的成就，一个拿诺贝尔奖的都没有，但肖克利做到了。

老特曼没有发现肖克利的天赋，但弗雷德·特曼敏锐地嗅到了肖克利的创新所具有的非凡意义。当特曼得知肖克利有创业的想法时，他充分意识到，肖克利做出的不仅是学术成果，该成果一旦商业化，将会给半导体产业带来翻天覆地的改变。

于是，特曼开始用各种方式“诱惑”肖克利离开工作了 20 年的贝尔实验室，回到帕洛阿尔托创业，他还为肖克利推荐了不少人才。1956 年，就在肖克利荣获诺贝尔奖的同一年，肖克利晶体管实验室成立，这对整个硅谷来说是至关重要的时刻，其意义已经超出技术本身。

肖克利不仅引领了一个时代的技术大潮，还把很多天才招到麾下。不过他并不善于经营管理公司，生性多疑的肖克利甚至闹出了用测谎仪测试员工的闹剧。最终，许多骨干员工不堪忍受这位技术天才的折磨，离开肖克利的公司自立门户，其中最著名的就是“八叛逆”。这 8 个叛逆者在钞票上签下了他们自立门户的宣言，成立了仙童半导体公司。这也被称为硅谷的“独立宣言”。

仙童半导体公司之后成为集成电路的先驱，再次把硅谷的技术创新推向高潮。但仙童半导体公司同样遭遇了分裂，“八叛逆”之一的戈登·摩尔之后成为英特尔的联合创始人之一，他提出的“摩尔定律”绘出了之后半个世纪计算机和互联网时代的走势轨迹。

硅谷已经获得了旺盛的生命力，并开始在裂变的阵痛中一点点壮大并获得新生。

到 1950 年，硅谷已经初具规模，是时候让那些零星的种子连接起来，形成一个大的生态圈萌发勃勃生机了。

这个时候的斯坦福大学也经历了战后的茁壮成长，它急需更多的资金支持自身远大的发展。于是，创建工业园的想法应运而生——将科技、教育、土地和资本结合起来。

不过，老斯坦福在创立斯坦福大学时，就明确提出不允许出卖斯坦福的土地。这是天条，不能破坏。但天条只是说斯坦福不能出卖土地，并没有说不能租赁土地。

特曼力主将科研和商业结合起来，在以他为代表的一干人等的推动下，斯坦福工业园开门迎客，向创新创业者提供支持。

特曼把斯坦福工业园称为“我们的秘密武器”。为了发挥工业园的最大效用，特曼建议只将工业园租赁给那些高新技术企业，这些企业狂热地追求创新，虽然创新是件极其冒险的事，但一旦其获得成功，不仅能够造就财富神话，而且将惠及整个人类。

斯坦福大学对创业创新敞开了胸怀，此举塑造了硅谷的气质。今天我们耳熟能详的惠普、雅虎、谷歌等公司，均是在这一浪潮中成长起来的。

到了20世纪90年代，雅虎的创始人杨致远和大卫·费罗最初就是在斯坦福大学的一个小拖车上开始他们的事业的。他们利用斯坦福大学的各种资源，甚至有阵子因为他们的网站太受欢迎而使斯坦福大学的网络瘫痪了。后来，雅虎上市，杨致远成为亿万富翁，他对斯坦福大学的哺育念念不忘，以自己和妻子的名义为斯坦福大学捐了一栋大楼。

谷歌本来是雅虎的供应商，在雅虎风生水起时，谷歌还小得可怜，杨致远担心谷歌倒闭会对雅虎的业务造成不好的影响，就让大卫·费罗为谷歌引荐了投资人。今天，谷歌已经发展成一家巨无霸公司。

类似的故事不胜枚举。据统计，由斯坦福大学校友成立的公司如果合计起来当作一个国家算GDP（国内生产总值）的话，那么它应该是全球GDP排名第10位的国家。

硅谷这个名字并非从一开始就有，它始于1971年一位名为霍弗雷的记者做的系列报道，这个系列报道题名为“美国的硅谷”。从此，“硅谷”的名字不胫而走，享誉全球，并成为创新中心的代名词。

弗雷德·特曼，这个20世纪的年轻人，在24岁时就被医生判了死刑，却帮助盟军在第二次世界大战中获得胜利，后来成为斯坦福大学的校长，被誉为“硅谷之父”，享年 82 岁高龄。

就在他去世前 2 年，一家同样诞生于硅谷车库的公司上市，这家公司之后把全球创新浪潮推向了巅峰。

这家公司的创始人在还是个毛孩子时就突发奇想，想做一个频率计数器，但他没有元件，于是他从电话黄页上查到了比尔·休利特的号码，给他打了个电话。当时，休利特已经是赫赫有名的惠普公司的联合创始人，他耐心地跟这个孩子聊了聊，并给了他想要的元件。

这个孩子就是后来的乔布斯，他和沃兹尼亚克也在硅谷车库里创立了自己的公司，就是后来的苹果公司。

奕䜣、郭嵩焘、李鸿章的悲剧

1862 年 8 月 24 日，在道光皇帝的第六子恭亲王奕䜣等人的推动下，京师同文馆成立。清朝的少部分高层终于意识到，培养有国际视野、掌握科技知识的人才对于国家建设的重要性。

京师同文馆早期主要教授外语，招收的学生只是八旗子弟。但是，奕䜣等人认识到，西方凭借自身拥有的雄厚的科技实力，打造出了威力无穷的坚船利炮，因此，他们不断力主扩大京师同文馆的规模和教授范围，增设天文、数学等学科，招生对象也不再只限于八旗子弟。

这个小小的尝试竟然拨动了很多人的敏感神经，他们认为泱泱大国居然要向西方蛮夷学习，实在是耻辱。

山东道监察御史张盛藻在上书皇帝的奏折中极力反对奕䜣的

各种尝试，他认为重要的是要让臣民有气节，在他的看来，这气节简直就是无所不能“以之御灾而灾可平，以之御寇而寇可灭”。现在，奕䜣他们居然用升官、给钱等方式“诱惑”那些走正途的人做投机倒把的事情，以至这些人变得重名利而轻气节，如果没有了气节，那又能指望他们做成什么事呢？

接着，倭仁站了出来，虽然他很迂腐，连咸丰皇帝都不太喜欢他，但倭仁是正红旗子弟，位高权重，所以他的话对于朝廷上下更有影响力。倭仁没有什么新的见解，大致看法和张盛藻差不多，只是他很善于拔高问题，忆苦思甜地说过去清朝吃了洋人很多苦头，现在居然要拜洋人为师，指责奕䜣等人忘了“我朝二百年来未有之辱”。

和倭仁这样的人辩论纯属浪费口舌，所以奕䜣心生一计，既然倭仁吹嘘“天下之大，不患无才”，那就请倭仁再开一个书馆，找其认为精通天文、数学的中国老师来教学生。这下可难倒了倭仁，要讲大道理、做道德批判，他随口就来，而且底气十足。但要他办一个教授现代科技的教学书馆，他哪能做得到。倭仁败下阵来。

那时，也有人意识到创新的重要性，而且意识到了创新需要学到根本。

郭嵩焘是中国第一个驻外使节，他 18 岁时就考中了秀才，后来在岳麓书院结识了曾国藩等人，极具国际视野。郭嵩焘曾经给光绪上奏《条陈海防事宜》，他认为，如果认为西方强大是强大在坚船利炮，这就没有抓到问题的本质，因此，仅仅学习西方的科技是不够的，还要深入学习西方的创新机制，发展中国的工商业，这样才有出路。

当时，云南发生了马嘉理事件，英国翻译马嘉理因为率兵入侵云南，打死中国居民，在当地人的奋起反抗下丢了性命。英国政府以此要挟清政府，手足无措的清政府只好派郭嵩焘去安抚英国人。之后，郭嵩焘成为驻英大使。

郭嵩焘没有想到的是，他出任驻英大使的经历之后竟成为一种灾难。多年后，当他返回中国时，遭到了朝廷内外的很多非议。这就算了，更让他气不打一处来的是，在他准备返回家乡湖南养病时，他乘坐的小火轮被长沙和善化的人阻止，那些人贴上大标语骂他勾结洋人，甚至干脆烧了他的小火轮。

1891 年，郭嵩焘去世，当时李鸿章上书朝廷，希望为郭嵩焘立传，并赐予其谥号，但朝廷的回复是：这郭嵩焘做驻外使节的时候，写的书太受争议了，谥号这件事，就算了吧！

1896 年，年过古稀的李鸿章出访欧洲。他的家人怕他死在半路，还准备了一口棺木随行。

在德国，李鸿章见到了铁血宰相俾斯麦，李鸿章告诉俾斯麦，有人曾经高度赞美自己而把自己称为“东方的俾斯麦”。俾斯麦富有讽刺意味地回答：我可不指望人们叫我“欧洲的李鸿章”。

在俾斯麦的安排下，李鸿章参观了德国的军工厂。李鸿章对于德国现代化的坚船利炮羡慕不已，他好奇地问了很多船只的价格，并决定，回国之后要把推进学习西方技术作为自己的职责。他认为中国有非常优美的文字，远远领先西方国家，西方人厉害就厉害在富有和枪炮。

如果那些德国战舰是自己国家的，那么我们早就征服日本了，李鸿章心里想。

在德国的一个晚上，他决定花 5 个小时好好读读《孟子》。

就在前一年，即 1895 年，因为甲午战争的失利，北洋水师全军覆没，清朝被迫签订了《马关条约》。

梁启超后来在他的《变法通议》里写道：德国首相俾斯麦曾经说，30 年后，日本必将兴起，而中国必将衰落。为什么？因为日本人到了欧洲，研究的都是欧洲的教育、体制，回到国内就会行动起来，而中国人到了欧洲，看的只是大炮、战船的性价比，买回去直接使用。

两者强弱的对比，从这里就可以看出来。

催眠：从修普诺斯到艾瑞克森

修普诺斯（Hypnos）是古希腊神话中的睡神，黑夜女神尼克斯之子。当他的母亲为世界铺上夜的黑幕时，修普诺斯就会让大地上的人进入梦乡。

表面看来，修普诺斯的神力没有特别之处，然而，关键时刻甚至天后赫拉都要求助于他。在《伊利亚特》中，天后赫拉为了阻止“众神之王”宙斯干预战争，扭转战局，特意求助修普诺斯，许诺给他美女娇妻，让他催眠宙斯。于是修普诺斯让宙斯酣然入睡，没有了宙斯的干预，特洛伊战局发生了巨大变化……

这就是催眠的力量，即便早期古希腊人还是从自然睡眠的角度来理解。

麦斯麦尔之石

对莫扎特来说，他同弗兰兹·麦斯麦尔算得上是忘年交，这位比他年长18岁的前辈非常欣赏莫扎特的才华。

1768年，莫扎特12岁，就写出了三幕歌剧《善意的谎言》。

这部歌剧遭到了竞争者的恶意中伤，他们称这部作品并非出自年少的莫扎特之手，而是由莫扎特的父亲创作的，所以这部歌剧的首演没有在维也纳进行。

但有一种传说是，就在1768年，麦斯麦尔力挺莫扎特，在他维也纳的宅邸组织了这部歌剧的演出。当时他刚跟一位富有的军官遗孀结婚，在维也纳修建了豪宅，正是春风得意之时。

这个传说没有得到莫扎特传记作者的支持，尽管如此，麦斯麦尔和莫扎特父子确实有非同一般的关系。在歌剧《女人心》中，莫扎特略带调侃地提及他的支持者麦斯麦尔："这就是那块唤作'麦斯麦尔之石'的磁铁，源自德国，随后驰名法国。"麦斯麦尔的折腾如此有影响（也极富争议），以至莫扎特把他写到了自己的经典作品里。

麦斯麦尔曾经阴差阳错地治好了一个受歇斯底里症折磨的女孩，他引导她进入精神恍惚的状态，然后在她身边摆满磁铁，麦斯麦尔相信这样可以修正人体内部紊乱的磁流。经过几番折腾，这个女孩的症状竟然消失了，这让麦斯麦尔暗自得意，他认为这不是磁铁的魔力，而是要归功于自己提出的"动物磁力"。

在麦斯麦尔看来，动物磁力是一种无形的魔力，可以用来干预人的健康，这种干预就是让患者进入一种"麦斯麦尔魔法"的状态——催眠状态，但麦斯麦尔把它神秘化了。

这显然是受到当时物理学和天文学发现的影响。

好于表现的麦斯麦尔马不停蹄地把治疗过程当作"魔术"一般展示给众人，他完全没有时间停下来细细推敲自己的理论和疗法中究竟哪些是真知灼见，哪些只是臆想猜测。站不住脚的地方逐渐被怀有不同目的的各色人等指出并加以攻击。麦斯麦尔一度被冠上“骗子”的头衔，在很多人眼里，他和巫师差不多。麦斯麦尔十分坚韧，他始终坚信自己的发现有价值，后来，他索性单独把催眠术当作一项表演，成为舞台上的明星。

无论是欢呼还是诋毁，总之麦斯麦尔的声望达到了巅峰，法国国王路易十六最终下令组织了一个豪华的审查团，调查麦斯麦尔的理论究竟能否站得住脚。这个审查团的阵容非常豪华，其中包括大名鼎鼎的化学家拉瓦锡，以及时任驻法大使的美国国父本杰明·富兰克林。他们最后的结论是：没有发现麦斯麦尔所说的磁流，患者发生的改变应该归因“想象”。

调动患者意识深处的力量，这一点调查团算是说到了催眠的本质，只是当时他们还没有找到“潜意识”这个词来准确地概括意识深处的力量，而只能简单地归因为想象。

在调查中，只有植物学家朱西厄给出了不同意见，他认为麦斯麦尔的说法有一定的可信度，值得进一步研究。

布莱德命名催眠术

1841 年 11 月 13 日，在英国曼彻斯特，一位来自法国的、麦斯麦尔的信徒查尔斯·拉方丹给他的英国同行演示了麦斯麦尔备受争议的“巫术”。

受邀到首秀现场观摩的有一位苏格兰外科医生——詹姆斯·布莱德，早在拉方丹来曼彻斯特演示之前，他就读过批判麦斯麦尔的相关文章，对麦斯麦尔的谬误早有认识。但布莱德对此仍旧充满好奇，不但亲临现场观摩拉方丹的演示，而且认真观察每个细节，特别留意了演示中被施以“巫术”的被试的眼睛和眼睑。

布莱德敏感地捕捉到了一个现象：在演示中，被试不能张开眼睑。他于是肯定，在拉方丹的演示中，被试确实处在一种不同寻常的状态，但布莱德不认为这如麦斯麦尔所鼓吹的那般，即所谓的动物磁力在起作用。

布莱德决定亲自上阵揭示其中的奥秘，他一改拉方丹演示中以施术者为中心的模式，而变成以被试为中心，由施术者加以引导。就在自己的家里，布莱德成功地依靠自己进入了麦斯麦尔鼓吹的磁化状态，其实就是催眠状态。

进入这个状态完全与施术者所谓的魅力等毫不相关，布莱德发现，被催眠者只要按照一定的方法固定视线在一定的目标物上，就可以进入催眠状态，而且催眠状态根本没有麦斯麦尔和他的追随者鼓吹的那么夸张，例如传说中被催眠者有能力读出他们从前没看过、现在密封在信封里的信件。

布莱德于是用古希腊修普诺斯修普诺斯（Hypnos）来命名了这一发现——催眠术（Hypnotism），通过实验，布莱德正确地判断出，不是催眠师给被催眠者施加了什么磁流的影响，事实只是在催眠师引导下，被催眠者接受了一些暗示，而调动他们潜意识的力量，从而进入了催眠状态。

1841 年 11 月 27 日，就在拉方丹的曼彻斯特首秀两周以后，布莱德在曼彻斯特做了公开演讲，他演示了自己同样可以做到拉方丹演示的效果，但这绝不是依靠所谓的动物磁力或者施术者的魅力。

1842 年 2 月 28 日，布莱德正式使用“催眠学”这个术语（Neurohypnology，后来缩减为 Neurypnology）。在随后的公开演讲中，布莱德这样解释这个新词，Neurohypnology 让熟知古希腊神话的人立刻想到了睡眠（修普诺斯 Hypnos），不过，之所以要加上一个前缀 nervous（神经系统），是为了提醒大家，催眠和自然睡眠是不尽相同的。催眠也不是想象力单一的结果，或者说，催眠可以通过引导病人控制呼吸，将思维或者视线集中到一个具体目标物上，实现注意力高度集中，元神游离而实现。

巅峰人物艾瑞克森

17 岁的弥尔顿 · 艾瑞克森瘫软无力地躺在床上，很不幸，他患上了严重的小儿麻痹症，久治不愈。

在一个傍晚，敏感的艾瑞克森隐约听到医生在隔壁房间跟他的父母嘟哝着什么，虽然不能捕捉到对话的细节，但艾瑞克森清楚了主要意思——他极有可能撑不过今晚。医生的这番话让艾瑞克森有些恼怒，他不是哀叹自己命运的不幸，而是觉得医生怎么如此残忍，赤裸裸地对一位母亲宣告她的儿子即将死亡。

母亲还是很平静地走进了艾瑞克森的房间，仿佛什么都没有发生。艾瑞克森不想打乱母亲的情绪，他只提出了一个奇怪的要求，请母亲按照他希望的角度把碗柜摆到床边上。

对这个要求，艾瑞克森的母亲十分不解，尽管如此，她还是尽可能按照艾瑞克森的要求去做，虽然有些奇怪，但也许这就是儿子的遗愿。此时的艾瑞克森已经气若游丝，他无力向母亲更多地解释为什么这样做。

在母亲的帮助下，艾瑞克森达到了他的目的，通过碗柜上的镜子，艾瑞克森看到了另一个房间的窗户，看到了窗户外的日落。“真不知道我还能不能再一次看到美丽的日落？”当时的艾瑞克森这么想。

在艾瑞克森的眼中，这是最壮观的一次日落，他全部的神思，不，应该是整个生命都沉浸其中，除了日落，什么都不复存在，甚至窗外本应成为日落景色一部分的大树、篱笆、石块……也在艾瑞克森的世界里消逝了！

沉浸在日落中的艾瑞克森最终失去了意识，但他没有如医生宣判的那样死去。艾瑞克森随后昏迷了三天，最终醒过来，他惊叹的不是自己竟然还活着，而是奇怪地问他的父亲，为什么他们会把树、篱笆、石块等都移走。

艾瑞克森没有意识到，他是如此专注于日落，心无旁骛，竟然忘却了其他的存在……或者说，艾瑞克森把自己给催眠了，无论这种强大的力量是不是他逃离医生无情死亡宣判的核心原因，总之，他活了下来。（艾瑞克森后来养育了 8 个儿女，并且活到近 80 岁，直到 1980 年去世）。

闯过生死关的艾瑞克森仍然瘫倒在床，难以开口说话，除了移动眼球，他根本无法指挥身体的其他部位。这些困难却让艾瑞克森专注于观察非语言的沟通，他敏锐地发现，有时候，我们的语调、眼神、手势、面部肌肉的微小变化其实比语言的表达更加准确地反映人的真实内心。

艾瑞克森甚至专注地观察一个婴儿，看她是如何学会走路，捕捉婴儿每个肢体动作细节的变化，同时艾瑞克森也尝试集中意志，唤起自己肌肉活动的“肢体记忆”。

最终，艾瑞克森不仅能开口说话，而且胳膊也能自如活动，这些变化已经是个奇迹，虽然距离常人的行动方式还是有距离，于是艾瑞克森做出了一个极其冒险的决定：他要孤身一人驾驶独木舟航行千里，借助这个挑战让自己最终站起来。

艾瑞克森怀揣 5 美元就上路了，刚开始，他不得不求助好心人帮他推舟，行程异常艰难。但艾瑞克森不仅坚持了下来，而且还一路航行一路帮人做零工，每天不忘给他当时的情人写信。

最终艾瑞克森奇迹般地完成了千里独航的征程，认识了许多朋友，顺带挣了点儿小钱。但整个航程最重要的收获是，虽然之后艾瑞克森不免要借助手杖，但从此竟能直立行走。

这种在具体场景中的磨难疗法帮助艾瑞克森战胜了命运，之后也成为艾瑞克森常施以病人的疗法之一，他时不时安排病人去爬山，或者在家里一整夜给地板打蜡，治疗手法和一般心理咨询师大异其趣。

这看起来和传统的催眠术有所不同，布莱德突破了麦斯麦尔的局限，区分了催眠状态和自然睡眠的不同，强调了被催眠者自身的重要性。在催眠的发展历程中，艾瑞克森的实践具有一定的颠覆性，因为不少被艾瑞克森催眠的病人看起来更像处于清醒的状态。

在艾瑞克森诊疗的过程中，其常常不会如布莱德描述的那样刻意引导被催眠者集中关注某个目标物，而是很自然地谈天说地，有时看起来简直有点儿东拉西扯，但这能很自然地让病人进入催眠状态。有的催眠甚至不是在传统意义上面对面的诊疗中完成的，你能想象一个被催眠者划着独木舟航行千里吗？

这种与众不同的催眠手法当然不是魔术，它来自艾瑞克森的天赋，也来自他对人的潜意识与众不同的理解。在艾瑞克森的眼里，潜意识并不是混乱不堪、神秘莫测的，而是充满创造性、积极性，也很善于解决问题的。无论一个人是否处在被催眠的状态，其潜意识其实都在不停地接受各种暗示。想要给人暗示并调动潜意识的力量，不是只有拿着块怀表在被催眠者眼前晃来晃去才可以做到。

关于潜意识，关于我们自身，艾瑞克森的探索绝不是终结，毋宁说这还只是一个开始。事实上，我把艾瑞克森的探索视为人类新悲剧的起源，恰如曾经的古希腊悲剧一样。

由于科学技术的加速发展，人类在20—21世纪短短的百年间取得了远超过去漫长百万年历史所取得的成就，我们踏入了太空，实现了远隔万里的即时通信，通过医疗手段有效地延长了人类的寿命，甚至有人大胆揣测永生不死很快就能实现……

这会给我们一种误解，误以为曾经让古希腊人悲剧性地意识到人和神的边界仿佛已经不复存在，或者是人已经大踏步挺入本属于神的疆域。但只要回顾一下人类对催眠或者对潜意识的探索，我们就会发现这样一个事实：我们甚至还没充分理解自身，理解主导我们行为的大脑。

我们对自身和这个世界的发现才刚刚踏上征程！

人类对自身生理的理解

显微镜和望远镜差不多都是在 16 世纪末 17 世纪初被发明出来的，说起来显微镜的发明还要更早一些。

人们很快就给望远镜找到了用武之地。借助望远镜，科学家发现了很多千万里之外遥远星体的秘密。例如 17 世纪早期仅伽利略一人就发现了木星最大的四颗卫星、太阳黑子、土星光环等。

但显微镜似乎没有这么幸运，它看起来不像望远镜那么有用。直到 1665 年，英国人罗伯特·胡克出版了他的著作《显微术》。这本枯燥的学术著作，却在当时引发轰动。胡克在这本著作里手绘了很多他用显微镜看到的世界，人们第一次惊讶地看到，平时习以为常的跳蚤、苍蝇、蚊子、头发……放到显微镜下原来是另一番模样。

当时照相术还没有发明出来，但是胡克的手绘作品已经可以媲美精美的照片，这时人们才意识到原来显微镜还是有点儿用的。胡克观察了软木的结构，他发现了像传教士住的单身房间似的一个一个的小格，他把这一发现命名为“细胞”。

人类对生物和自身生理的认知进入了微米的层面。

19 世纪末，当俄国植物学家伊万诺夫斯基还在彼得堡大学教书的时候，乌克兰等地发生了烟草的“瘟疫”，伊万诺夫斯基被派去调查这场“瘟疫”的起源。3 年后，伊万诺夫斯基又被派往克里米亚调查相似的烟草“瘟疫”。在调查过程中，伊万诺夫斯基都采用了“张伯伦过滤器”，这是法国微生物学家查尔斯·张伯伦 1884 年发明的方法，其原理是采用比细菌更小的滤孔将细菌过滤出去。

尽管使用了这一曾经屡屡奏效的方法，还是没有控制住烟草“瘟疫”，伊万诺夫斯基由此推断肯定还有一种不同于病菌的致病因素存在，他在1892年发表了这一见解，并在1902年写成了专题论文。

最终，伊万诺夫斯基的研究得到了荷兰微生物学家马丁努斯·贝杰尼克的证实，这种不同于病菌的致病因素被命名为病毒。

人类对致病机理的认识进入纳米的层面。

罗莎琳德·富兰克林1920年诞生于英国一个犹太家庭，她年幼时就表现出非凡的学术天赋，在别的孩子贪玩时，她埋头做算术题，而且总是算得很准确。

第二次世界大战期间，罗莎琳德考入剑桥纽纳姆学院，这是一个女子学院。在这里，罗莎琳德邂逅了法国难民阿德里安娜·威尔，阿德里安娜之前是大名鼎鼎的居里夫人的学生，这段机缘推动罗莎琳德后来前往法国学习，并成为俄裔法国放射学家雅克·梅林的学生。

罗莎琳德学成回到英国工作，却并不受周围同事的待见，尤其有个叫威尔金斯的家伙，更是和她针尖对麦芒，但罗莎琳德不以为意，富有激情地投入了自己的专业研究。

1952年，伦敦国王学院，罗莎琳德和她的同事莫里斯·威尔金斯采用X射线衍射法，给DNA晶体拍下了一张照片，也即“照片51”，后来被誉为采用X射线拍下照片中最美的一张，正是这张照片推动了DNA双螺旋结构的发现。

詹姆斯·沃森出生在美国，是个天才少年，在读过薛定谔的经典名著《生命是什么》之后，沃森决定将基因学作为毕生的研究方向。这完全改变了他的人生轨迹。

沃森后来到剑桥工作，在这里他认识了一位重要的搭档弗兰西斯·克里克，克里克也是一个很有个性的人，他在 12 岁时，就告诉父母自己不想去教堂了，因为他对科学研究的兴趣远胜过宗教信仰。

克里克和威尔金斯私交甚好，1953 年，沃森和克里克从威尔金斯那里看到了“照片 51”，这张“最美丽的照片”让他们一下子有了灵感。2 月 28 日午餐时，沃森和克里克突然冲进了剑桥的老鹰酒吧，宣称他们发现了生命的秘密——DNA 双螺旋结构。

4 月 25 日，《自然》杂志刊发了这一伟大的发现。虽然他们未经罗莎琳德的许可就使用了“照片 51”，只是在脚注上对罗莎琳德和威尔金斯表示感谢。随后罗莎琳德和威尔金斯也在《自然》上发表了同样主题的文章，公布了更详尽的实验数据，不过这看起来更像是对沃森和克里克理论模型的支持。

1962 年，诺贝尔医学奖授予了沃森、克里克和威尔金斯，而罗莎琳德已经因为长期从事放射相关工作于 1958 年患卵巢癌去世。人类对生命的洞察开始进入本质层面。

2003 年 4 月 14 日，1990 年正式启动的人类基因组计划（HGP）宣布，对于现代人类的基因组测序工作已经完成，这是有史以来第一次，我们可以读到构建人类的全部基因蓝图。

下残局的企业家

在互联网发展的历程中，万维网对互联网的普及起到了一个火箭发动机式的推动作用。

20 世纪 80 年代末、90 年代初，蒂姆·伯纳斯－李在一台 NeXT 电脑上敲出的这个新东西，让普通人不再需要掌握特别复杂的计算机技能，就可以通过浏览器直接打开互联网。一下子，上网的门槛大幅降低，它不再只是计算机极客的专利，普通民众只需被稍加指导就可以自如上网，从此网民数量随着万维网的普及出现爆发式增长。

网民的爆发式增长带给商业公司带来一大好处，它们从此可以非常快速，并且以极低的成本将自己的产品和服务推到海量的消费者面前。于是，一大批借着互联网大潮推动的创业公司如雨后春笋般崛起。

创造财富一下子成为一种新的神话，似乎只要几个唱摇滚的嬉皮士在车库里不停折腾，就能赢得资本的青睐，如果再搭上互联网的快车去 IPO（首次公开募股），那么巨额财富一夜之间便唾手可得。但这并不是财富的真相，互联网很快成为泡沫，包括网景通信公司在内的一批曾经耀眼的创业公司最终黯淡收场。企业要有持久的生命力，就需要不断创新，持续为社会创造财富，否则再炫目的泡沫也难逃破灭的厄运。

创新并不是件容易的事情，尽管不少人喜欢把创新和技术突破直接画上等号，但技术突破是一回事儿，其能不能真正转化为市场所接受的产品和服务是另一回事儿。要想成功实现这中间的跳跃，就需要一种能在技术、金钱、人事等纷繁芜杂的现象中真正看透本质的稀有物种——企业家。

他们是我们社会的中流砥柱。

郭士纳和 IBM

1993 年 1 月，接近 82 岁“高龄”的 IBM 宣布 1992 财年公司亏损达到 49.7 亿美元。这种巨大的亏损在当时的美国公司中很少见，亏损数目之大让人心惊肉跳。这还不算完，1993 财年公司的亏损进一步扩大到 81 亿美元。

曾经是美国骄傲的 IBM，现在老态龙钟，拥有近 26 万名拿着高薪水、高福利的员工，赢利情况却不尽如人意，公司似乎已经走到风烛残年。谁能拯救 IBM 这头体态臃肿的大象？

比尔·盖茨曾经不经意地评论 IBM：要不了几年，这家公司就会关门大吉。

这不是比尔·盖茨的个人偏见，当时商界不少人都持相似的看法。所以，在 1993 年时任 IBM 董事长兼 CEO 的约翰·埃克斯宣布退休时，谁成为继任者，谁才能拯救 IBM 于水火中，让当时搜猎委员会大伤脑筋，他们不得不面对一个尴尬的事实——那些有能力的商界大神，都不愿意接手 IBM 这个烫手的山芋。

最终，郭士纳从埃克斯手里接过了 IBM 的权杖。郭士纳的履历非常耀眼：他毕业于哈佛商学院，曾在麦肯锡、美国运通等公司担任要职。但郭士纳的上台仍然备受质疑，很多人担心他没有 IT（信息技术）背景，根本不能指望他领导 IBM 这样一个信息技术驱动的庞然大物。

1993 年 4 月 26 日，刚刚上任不到三周的 IBM 新掌门人郭士纳参加了他上任以来的第一次股东大会。当郭士纳走上讲台时，他感觉自己眼前是一片银色的海洋。是的，台下 2 300 名股东中，不少人白发苍苍，在过去几年里，他们对 IBM 的耐心已经消磨殆尽。

试想，在 1987 年，IBM 的股价还是每股 43 美元，到了开股东会的那一天，股价已经跌到惨不忍睹的每股 12 美元。面对这样糟糕的表现谁能沉得住气呢？

郭士纳当时的感觉是，IBM 的股东很生气，虽然他们礼貌性地为他鼓了掌，但其实恨不得把他吃了。

是的，股东们已经没有耐心等下去，没有任何迹象表明这位只会摆弄信用卡和饼干的新掌门人可以拯救 IBM。郭士纳到 IBM 没多久就有了一个“饼干怪兽”的外号，因为他就职的上一家公司的业务之一就是卖饼干。

在开完股东会回纽约的专机上，郭士纳身心俱疲，他问乘务员，能不能让他喝点儿酒，缓解一下自己疲惫的身心。乘务员礼貌地告诉他，按照 IBM 的规定，员工禁止在飞机上喝酒。郭士纳追问，那有没有人可以改变这个规定呢？乘务员告诉郭士纳，幸运的是，他就可以做这个决定，因为现在他是公司的掌门人了。于是郭士纳立刻下令："那就改了这个规矩吧，马上生效。"

郭士纳确实不是技术专家，但他善于洞察商业的本质。他喜欢看清楚真相、界定清楚问题后再做决策，而不是人云亦云。用那句流行的话说：半秒钟就能把握本质的人，和花半辈子都看不清本质的人，自然有不同的命运。

按照当时流行的看法，包括郭士纳的前任埃克斯也是这么认为的——IBM 应该拆分。理由是市场环境发生了变化，电脑市场已经走向分割，曾经只有几个竞争对手的市场一下子冒出了数百甚至数千个玩家，他们大多数只是销售单一或者一小部分电脑产品，IBM 这种"笨重的大象"已经适应不了这种市场趋势。

但郭士纳并不这么看，他认为，在一个行业中总归会有一个整合者。就如在汽车行业里一样，固然有数量众多的商家在生产不同的零件，其中绝大多数只专注于某些零件的生产，但在生产线的终端终究还是需要有人担负起整合不同零件，将这些零件转化为可交付的产品的任务。

对 IT 这么专业的技术领域来说，郭士纳固然不是技术专家，但他曾经是 IBM 的重要客户，他深知 IBM 应该成为生产线终端做整合的那家公司。在郭士纳看来，IBM 过去的市场之所以会被蚕食，真正的原因是许多客户想打破 IBM 对行业的经济垄断。过去 IBM 过于依赖这种捆绑销售产品的模式，而现在客户想要多一些选择。

因此，把握问题本质的郭士纳做出的重要决策和大多数人的想法正好相反：不是拆分 IBM，而是把 IBM 整合起来，统一面对客户。

市场里冒出了成百上千个玩家，这就意味着提供的硬件、技术、服务会越来越纷繁芜杂，客户难免会眼花缭乱。郭士纳认为，这恰恰就是 IBM 的机遇所在，客户需要一个集成者帮助他们构建终极解决方案，一站式地搞定所有问题，无论是硬件还是软件。

所以，郭士纳推动 IBM 做了一个深刻的转型，重新定义老态龙钟的 IBM，构建起业内最有影响力的服务业务。

转型后的 IBM 把自己旗下各自为政的业务整合起来，将触角伸向了整个大的 IT 领域，变成客户身边嘘寒问暖、善于出谋划策的顾问，这不但可以更及时准确地把握客户需求，而且会让客户逐渐对 IBM 言听计从。客户会觉得要想紧跟瞬息万变的 IT 潮流，找 IBM 一家公司就够了。

1994 年，网景通信公司还没有上市，杨致远和大卫·费罗刚刚在斯坦福大学的小拖车上创立雅虎，谷歌还要等 4 年才成立……在互联网商业应用处于萌芽状态时，郭士纳就敏锐地洞察到了一个趋势，即互联网终将崛起，独立计算将让位于网络化计算、合作计算。郭士纳意识到，一旦互联网将人们的家庭、工作、学校等连接起来，商业环境乃至整个社会的运作方式都会发生改变。

这意味着到那时将出现一个公开的行业标准，把形形色色的设备和系统连接起来，打破过去 IT 行业各自为政的局面。

曾经，封闭式计算在 IT 行业大行其道，强势的商家都想成为标准的制定者，一旦你购买了他们的拳头产品，你会发现想要配套其他产品除了再从这个商家购买别无选择。

形象点儿说，当你从一个商店买了一个螺帽时，你会发现除了这个商店卖的螺丝钉之外，其他商店都买不到和这个螺帽配套的螺丝钉，然后你就不得不再在这个商店购买螺丝钉。强势的 IT 商家都认为自己能够卖出去足够多的“螺帽”，然后配套地卖出更多的“螺丝钉”。于是 IT 行业难以达成统一的标准，IBM、微软等行业巨头就曾经依靠这样的手段雄霸一方。

这种方法在过去奏效，但一旦互联网崛起，无论是为了更好地生活还是更好地工作，人们都要接入互联网，从而形成一张全球化网络，这时候各自为政的标准之争只会妨碍行业顺应这一大潮。也就是说，当我们进入一个时代，人们希望手里的“螺帽”和全世界的“螺丝钉”都能配得上的时候，如果一个商店还要强硬地只卖和自己家螺帽配套的螺丝钉，那么它只会逐渐被孤立。

在郭士纳的眼里，在这一趋势下，IBM 要越来越开放，将自家的产品与其他行业领导的产品相互兼容，故步自封只会自寻死路。同时郭士纳认为，在互联网即将崛起的大潮中，再讨论 IBM 是否抓住了独立计算、抓住了个人计算机的时机已经毫无意义。未来个人计算机只是接入网络的设备之一，更多的设备还包括智能手机、智能电视、游戏机等（这一判断显然在今天已经实现），所以再纠结于个人计算机已经不是明智之举了。

郭士纳看到的是当越来越多的事务通过网络完成的时候，计算的重心肯定不在个人计算机上，而是由网络背后的大规模系统和设备完成，这就给 IBM 带来了商机，例如颇具威力的定制化芯片将供不应求。而且这些业务的重要决策者又从消费者和小部分负责人回归到了企业的 CTO（首席技术官）和高层，这恰恰是与

IBM 关系颇为紧密的人群。

1995 年，在郭士纳的主导下，IBM 打破了一向只是依靠自己建构技术的做法，以 32 亿美元的高价收购了莲花软件，这几乎算是当时 IT 产业有史以来最大的一次软件并购计划。它向外界旗帜鲜明地传递了一个信号——IBM 已经摆脱生死挣扎。更重要的是，它意味着 IBM 在合作计算上迈出了坚实的一步。

2002 年，郭士纳从 IBM 功成身退。在 2001 财年，IBM 营业收入达到 859 亿美元（最高峰 2000 财年达到 884 亿美元），净收入达到 77 亿美元（最高峰 2000 财年达到 81 亿美元），员工近 32 万人，股价创历史新高——每股 120.96 美元。

乔布斯和苹果

1997 年，苹果公司创立 21 周年。

对我们来说，20 出头正是风华正茂、春风得意的年纪。但对公司来说未必如此，至少对苹果公司来说是这样，他的创始人、灵魂人物乔布斯早在 1985 年就离开了苹果，自立门户，前文提到的蒂姆·伯纳斯–李用来敲出万维网的 NeXT 正是出自乔布斯的新公司之手。

在乔布斯离开苹果的 12 年间，苹果的表现乏善可陈，到了 1996 年，占有的市场份额只有 4 %，第一季度亏损高达 7.5 亿美元，公司甚至聘请了破产顾问。

戴尔的创始人迈克尔·戴尔曾被问到，如果让他出任苹果的 CEO，他会怎么做？戴尔的回答很干脆：我会关掉公司，然后把钱还给股东。

显然，即使是经验丰富的商业巨擘也不会轻易接手这个烫手的山芋，或者说，他们干脆就认为苹果没救了。

谁来拯救苹果呢？

作为创始人，乔布斯自然被列在可以拯救苹果的候选人名单中，但不是所有人都看好他。当初乔布斯就是因为过于任性，而被苹果公司扫地出门。况且，乔布斯之后的商业道路并不算成功，NeXT 没有成为市场的宠儿，虽然他投资的皮克斯上市了，但毋宁说皮克斯的成功是因为乔布斯管得少。

也有人持不同意见，例如时任苹果 CFO（首席财务官）的弗雷德·安德森的看法就与众不同，他坚定地认为，能让苹果东山再起的只有乔布斯一人，因为只有乔布斯真正理解苹果的灵魂。

1997 年，乔布斯在各种猜疑和嘘声中回到了苹果。

要说乔布斯真正理解苹果的灵魂，核心正在于打造真正“非同凡想”的产品。

走马上任伊始，乔布斯就用一则经典广告作为自己的宣言，对各种质疑和猜测做出了回应。这则名为“非同凡想”（Think Different）的视频广告只有 1 分多钟，却颇具感染力。

视频里云集了那些乔布斯认为离经叛道却对这个世界造成至深影响的人（前提是他们得留下影像资料），包括爱迪生、爱因斯坦、甘地、约翰·列侬、毕加索等。这些人物来自不同领域，成就也大相径庭，但他们全都特立独行，或者说富有个性，最终，他们真正改变了世界。

《非同凡想》的广告词相当精炼，却满含激情：

献给那些疯狂的家伙，他们特立独行，桀骜不驯，甚至惹是生非。

他们不愿循规蹈矩，总是用与众不同的眼光看待问题。他们不喜欢墨守成规，更不用说安于现状。

你可以质疑他们，反对他们，赞美或者诋毁他们。

但你无法忽视他们，他们真正改变了世界，把整个人类的步伐推向前。

在一些人的眼里，他们是疯子。但在我们的眼里，他们是天才。

因为他们如此疯狂，声称要改变世界，最终，他们确实改变了世界！

这个广告拉开了乔布斯拯救苹果的序幕——他要打造“非同凡想”的、真正改变世界的产品。

乔布斯首先大刀阔斧地精简了苹果的产品线，他以目标人群和产品形式为维度，画出一个四象限图，宣称从此苹果只设计4种基本产品，服务高端人群和专业市场。这一策略意在集中优势资源，打造精品。大道至简，这是乔布斯产品规划的核心原则。

2001年10月23日，iPod在苹果公司总部发布。它是一款掌上音乐播放器，用形象的广告语说，iPod能让你把1 000首歌装进口袋。

并不是所有人都看好这款产品，在大家心里，苹果应该是一个技术驱动的计算机公司，而现在则要涉足娱乐这个看起来有些不相干的行业，iPod的胜算能有几何呢？这种悲观的情绪甚至在苹果内部弥漫，因此发布会被安排在一个不大的礼堂里。乔布斯仍然信心满满，他给媒体展示了自己的骄人成果。

iPod作为一款至简设计的音乐播放器，抛弃了常规音乐播放器杂乱的按键，用户可以单手操作，友好的操作界面向用户传递了这样一种信心：即使是笨手笨脚的人，也可以自如地操作高科技的智能设备。这种对用户充满关爱的精神抹去了过往高科技产品的高冷，让最普通的用户也感到它可亲可近，最终这种精神贯穿了乔布斯创新的始终，成为之后其他产品的灵魂。

通过iPod和iTunes（数字媒体播放应用程序），乔布斯最终打通了音乐的生态圈，他说服音乐巨头允许用户通过iTunes按照单曲在网上购买音乐，再导入iPod，这就从源头上保障了欣赏音乐的品质体验。苹果积极投身互联网大潮，更贴近年青一代的审美观和时尚观。

iPod一下引爆了市场，尤其被年轻人追捧，成为乔布斯重归苹果、扭转战局的关键产品，从此苹果走上了高速增长的道路。

2010年1月27日，在旧金山芳草地艺术中心举办的iPad发布会上，当身形消瘦的乔布斯走上舞台时，全场观众立刻起身大声欢呼，热烈鼓掌。

是的，大家只是看到乔布斯本人就激动不已，却不知道此时的乔布斯备受病痛的折磨，生命已经进入倒计时状态。

走上舞台的乔布斯仍然神采奕奕，津津乐道地聊起他“非同凡想”的产品。

iPod自2001年推向市场以来，已经销售2.5亿台，这是个相当了不起的成就。随后iPhone（苹果手机）、Mac（苹果电脑）都斩获颇丰。

苹果借着“非同凡想”的产品搭建起了284家苹果专卖店，这些专卖店在当时仅仅一个季度就有超过5 000万的客流量。与线下门店相对的是线上的App Store（苹果应用程序商店），当时上架的应用已经超过14万个，下载次数更是达到了惊人的30亿之多。

这些成就为苹果创造了“非同凡想”的收入，仅2010财年的第一季度，苹果的营业收入就达到156亿美元。苹果已经借助产品大步前进，成为移动智能设备的全球领军者。

乔布斯，这位生命不息、奋斗不止的斗士，不顾病痛，又推出了一款创新产品——iPad（苹果平板电脑），成为跻身于iPhone和Mac之间的创新产品。

美国当地时间2011年10月5日，也就是iPad发布1年多后，乔布斯去世。在此之前，乔布斯一直坚持工作，直到2011年8月25日才离开工作岗位。

稻盛和夫和日航

2010年1月19日，创立于1951年的日本航空在东京地方法院申请破产，这个曾经日本最大甚至在全球名列前茅的航空巨子，此时负债高达2.322 1亿日元（约人民币1 800亿左右）。

日本国家数据库的数据显示，在此之前的50年间，利用日本的《会社更生法》申请破产保护的企业共有138家，最终只有9家重建成功。也就是说，类似日本航空这样的遭遇，重生的概率只有6.5%。

谁能拯救日本航空?

最佳候选人屈指可数，其中之一就是号称“经营之神”的稻盛和夫，但有什么理由能把这位年近 80 岁的老人请出来拯救日航呢?

稻盛和夫在 27 岁时创办了京瓷，52 岁时创办了第二电信。这两家公司都跻身世界 500 强之列。可以说稻盛和夫名利双收，并无再出山的必要，况且早在 1997 年，稻盛和夫就被查出患有癌症。

所以，实在没有理由让稻盛和夫拖着病体在年近 80 岁时去拯救一家和自己不相干的公司。从统计数据来看，这样做十之八九失败，况且，稻盛和夫此前的经验集中在制造业和电信运营业，进入航空服务业跨度很大，一旦失手，“经营之神”的英名将毁于一旦。

按照常理，稻盛和夫没有理由接受这个挑战。出人意料的是，他最终答应了出任日航董事长，而且一分钱不要。

在稻盛和夫眼中，拯救日航不是拯救一家公司那么简单。首先日航此前已经经历过大裁员，如果日航宣布破产，那么这无疑将影响到余下的 3 万多名员工和他们的家庭，并且势必会对日本经济形成冲击。此外，如果日航倒下，航空业垄断难免加剧，这对乘客、航空业和日本经济都不是一件好事。

所以稻盛和夫在不要一分钱的情况下出任了日航的董事长，仅仅带着 3 名得力助手，2010 年 2 月 1 日，稻盛和夫就到日航走马上任了。

从 2010 年 6 月起，在日本航空总部的高级干部会议室就开始领导力培训。日航的高层聚集在这里，聆听稻盛和夫的训示。虽然之前没有太多交集，但稻盛和夫“经营之神”的盛名在日本商界是人尽皆知的，所以尽管很多人认为在非常时期，稻盛和夫应该使出神招来拯救日航，而不是搞什么培训，但既然已经坐到这里，也许稻盛和夫是要陈述一番改革日航的宏伟蓝图，不妨听一听。

“大家要有利他的心”“不能说谎骗人”这些话从稻盛和夫口里说出来，真让日航的高层大跌眼镜，他们觉得这是在小学生课堂上才能听到的，不少人开始怀疑这个培训的价值。

培训之后，稻盛和夫居然还向每人收取 1 500 日元，买来一堆零食组织茶话会，日航的高层终于忍不住了，很多人表面客气、骨子里不屑地起身告辞。

他们本来是期望稻盛和夫能就日航翻身做一番高明的剖析，或者至少说说阿米巴经营，但稻盛和夫似乎只是把他们当作小学生一样对待。他们不知的是，稻盛和夫的学说讲求“心学”与“实学”，现在稻盛和夫要做的是帮他们把过去的负重从心里卸下，丢掉职场官僚的虚伪面孔，这样“实学”才会发挥真正的价值。

稻盛和夫就这样不厌其烦地耐着性子为高层做培训。终于有一天，日航曾经的中枢人物池田博站起来说：之前日航的做法并不正确，如果真的能按照稻盛和夫先生所倡导的方法管理公司，日航就不会陷入今天的窘境。

终于，日航高层的心扉被打开了。日航的上上下下开始感到这位董事长的与众不同。

慢慢地，日航的员工发现，他们年近 80 岁的董事长会不时出现在航班上，而且身材高大的董事长总是坐经济舱。因为稻盛和夫当时已经颇具盛名，所以周围的乘客常常对此大感惊奇，但稻盛和夫旁若无人地泰然处之。这让日航的员工大受激励，感觉董事长是和他们战斗在一起的。

答案在现场。

稻盛和夫从不只坐在办公室里看下面交上来的报告，他亲力亲为地到公司的各个角落巡视。据统计，稻盛和夫和日航及旗下的 100 多家子公司的负责人都做了会谈，每次会谈至少 1 个小时。

这是个浩大的工程，年近 80 岁、身患癌症的稻盛和夫常常连饭都不能正点吃。就是这样倾听一线的声音，稻盛和夫最终掌握了日航的真实情况。

在大数据兴盛的今天，我们习惯于从数据中寻找相关性来指导企业的经营管理，稻盛和夫也很重视数据。但是，稻盛和夫绝不允许模棱两可的解释，即使是拿出确切的数据，如果说不清楚数据背后清晰的原因，在稻盛和夫那里也是过不去的。

一个高管曾经向稻盛和夫汇报当月的经营数据下滑，稻盛和夫马上反问他之后怎么办？他一时语塞，因为他只是想向稻盛和夫陈述一个事实，没有往深里想这个数据背后的要义。稻盛和夫马上批评他，既然发现了经营数据下滑，就要剖析背后真正的原因，而且要针对原因对症下药，扭转颓势。反之，如果发现有增长，一样要找到真正的因果关系加以保持。

在打破日航上下心中的坚冰后，稻盛和夫开始引入他独创的阿米巴经营模式。

阿米巴是一种单细胞生物，很小，而且形体会根据环境发生改变，向不同的方向生出一些伪足。但也正因为这样，阿米巴虫作为一个有极强的适应能力的种群而生生不息。

以阿米巴来命名经营模式，就是要把一家拥有上万名员工的公司的业务部门拆分为百余个小集体，让每个小集体每天的经营情况都可以通过数据清晰地反映出来。这样，每个小集体都非常清楚自己每天为公司做出了多大贡献，也能清晰地追溯业绩增长或者下降的原因，很多时候不需要被动等着上级的指示，自己就能灵活地采取对策。如此一来，看似臃肿的公司就变得极具灵活性，这样大大激发了公司的组织活力。

导入阿米巴经营模式后，日航上下对经营管理的认知发生了很大的变化，当他们看到自己的日常行为对经营业绩灵敏的影响时，人人都有了当家做主的意识。从此不仅每趟航班的收支第二天就可以清晰地看到报告，而且经营意识渗透进了公司的各个细微之处，飞行员过去被像神一样捧着，现在他们也开始自带水杯，以节省每个 2.5 日元的纸杯成本。

整个日航不再是稻盛和夫一人主导，而是人人都变成了主人。

2011 年 3 月初，即稻盛和夫入主日航 1 年，日航的营业利润就高达 1 800 亿日元（约为当时人民币 140 亿元左右），到了 2012 年 3 月初，这个数字攀升到 2 049 亿日元（约为当时人民币 150 亿元左右）。

2012 年 9 月，日航再次在东京证券交易所上市。

2013 年 3 月 31 日，稻盛和夫辞去日航董事长一职。

这位 80 岁的老人用了 1 155 天挽救了一个本与他毫不相干的公司，下赢了一盘在大家看来毫无胜算的棋！

创新是增长的动力

2014 年，硅谷著名投资人彼得·蒂尔的大作《从 0 到 1：开启商业与未来的秘密》(以下简称《从 0 到 1》) 在美国出版，次年中文版面市。

无论在美国还是中国，这部商业著作都迅速成为畅销书，在美国亚马逊的畅销总榜上它曾经跻身前 100，在中国创投圈乃至整个商界几乎人手一册。

《从 0 到 1》究竟述说了什么秘密？这个秘密就是如何实现指数级增长。在互联网时代，人们已经不满足简单的线性增长，而渴望指数级增长。

前文中我们聊过盈余对于文明发展的重要性，盈余其实就是增长带来的。增长对个人和群体都至关重要。

简单说来，个人希望自己享受的岁月能无限延长 (尽管不太现实)，希望自己的财富不断增长，希望自己可以自由支配的时间不断增加……

对群体来说，有了食物的增加，人口增长才成为可能；有了 GDP 的增长，更加充分的就业才成为可能；有了公司收入的增长，个人提薪才成为可能……

增长可以像人的年龄一样，按部就班地推进，这是线性增长；也可以像全球人口数量或者互联网网民数量一样，开始似乎是线性增长，但只要过了一个临界点，就可以成百上千倍爆发式地增长，这就是指数级增长。

显然，指数级增长能产生更多的盈余。那什么能造就指数级增长呢？

彼得·蒂尔区分了“从 0 到 1”和“从 1 到 n”两种模式，认为只有“从 0 到 1”才能推进指数级增长。所谓“从 0 到 1”，简单地说就是创新，而所谓“从 1 到 n”简单地说就是复制、山寨。只有创新能推进社会财富实现“质”的增长，才能推动更多指数级增长实现。

汽车相较于马车就是“从 0 到 1”的飞跃，飞机相较于汽车又是“从 0 到 1”的飞跃，航天飞机相较于普通飞机也是“从 0 到 1”的飞跃……每一次“从 0 到 1”都会打开新世界的疆域，把人与神的边界向前推进一步。

一个简单的事实就是，如果没有疫苗，没有青霉素，没有发现病毒，没有对基因做如此深入的探索，那么多数人会在还未成年时就死去，余下活到 70 岁的人就叫“自古以来稀有”。

今天，谁又是创新的主力军呢？

毫无疑问，国家、大学、学术机构都是，但更重要的主力军是企业。从欧洲人采用公司的形式开拓东方贸易航线开始，现代企业就成为一种重要组织形式，推动层出不穷的创新出现。

我们可以把企业描绘为贪婪的、唯利是图的，但正是因为企业和人的需求形成了一种正向循环，成为一种追求“盈余”的组织，才有资源源源不断地支持创新。

创新是一件高风险的事情，没有“盈余”的支撑，就扛不住风险的消耗。这就如在生物进化中，如果不是觅食、消化等器官逐渐发达起来，有盈余支撑，生命是很难实现长寿且向更复杂方向进化的。

创新是一件难以规划的事，没有千千万万家企业的生生死死，不断试错，就难以取得真正有生命力的创新。这就如今天地球上有据可查的物种超过 200 万种，实际在生物进化中出现的物种数量远远超过这个数目。但就是这么庞大的数目，能进化出高级智慧的生物仅仅只有智人一支。

现代企业家因此成为人类文明进化过程中出现的新物种。

过去很多组织都会有领袖，如酋长、地主、城主、国王。这其中也不乏以增长为目的的组织，例如军队，但这些增长是通过零和甚至负和博弈的掠夺方式实现。也有些组织以建设性增长为目的，例如农庄，但他们的增长是通过水平扩展，也即扩大土地规模和农奴数量，而在提高单位面积产量和农作物多样性上取得的成果十分有限。

今天，企业家领导的组织不仅要求实现增长，而且这种增长要求避开掠夺，至少是武力掠夺，以正和博弈的方式进行。非但如此，优秀的企业家不应该只是实现财富的水平增长，即只会扩大规模求取利益，而应该实现财富的垂直增长，真正推进人和神的边界。

这样的企业家在这个文明看似高度发达的时代其实仍然凤毛麟角，我们激情的征程也才刚刚开始！

真爱乃激情之源头

本章为作者与北京在校大学生的一次交流对话的记录。

谢谢同学们的提问，现在我回答一下如何在职场中保持锐气，如何始终满怀激情，为什么嬉皮士精神在硅谷崛起，而且这种精神在创新创业过程中很重要。

没有虚妄障碍不成事不罢休

你们先猜猜，在金庸小说里，我最喜欢哪个男主角？

学生：郭靖，杨过，老顽童。

确实，年少时期，我很喜欢郭靖这个角色——他正气凛然，所以赢得了黄蓉的芳心。不过，现在我最喜欢的是韦小宝，对，就是《鹿鼎记》里的韦小宝。

韦小宝从小出生在什么地方？妓院里，底层社会的一个角落，他貌不惊人，从小就跟龟公老鸨、胭脂粉黛打交道。

但你注意到没有，当他阴差阳错踏入皇宫，看到金碧辉煌的皇家建筑、琳琅满目的皇家物件时，没有一点儿自卑感，看到那些位高权重的人也没有任何怯懦。他从来不预设任何虚妄的障碍。

这一点很重要，我们跟人打交道，常常会未上阵就先输了气势。看到别人开法拉利、保时捷，拿古驰或者路易威登的包，在高消费场所一掷千金，甚至因为对方是个金发碧眼的外国人，自己在心理上就先输给对方了。这就是自己给自己下套，很不应该。顺带说下，有些骗子就是利用这种心理骗取我们的信任。

在《鹿鼎记》里，韦小宝最后娶了 7 个老婆，这里面有开始就死心塌地跟他的，比如双儿，也有他死乞白赖追来的，比如阿珂。谈到韦小宝追阿珂，我们需要一个对比，不知道大家看过《101 次求婚》没有？

学生：看过，黄渤演的。

去看看日版的，那是原版，韩国版和中国版都是翻拍的。

我在上中学的时候，就很喜欢看这部影片，确实很感人，但现在回过头来想，它传达的精神是有问题的。

男主人公是个建筑所的小头目，是个面貌丑陋的大叔，而女主人公是个年轻貌美、富有才华和情调的大提琴演奏家。所以男主人公认为自己不富有、无才华、社会地位低下、年纪大、外表平庸，这些都和他要追求的女孩形成巨大的反差，这些在他们两人之间形成了各种障碍。这个时候他就会选择很多男人追女神追不到时爱做的一件事情——成为悲剧式的英雄。也就是说，毁灭自己给那个女孩子看，哪怕让她为此流一滴泪。所以他辞职去参加司法考试，大家都知道这是没有胜算的，他自己心里也清楚，但他最后还是去了，也不出意外地名落孙山。原来的工作也没有了，只好到建筑工地搬砖。女主人公大为感动，最后主动跑来嫁给了他。

你们想想，这在真实生活中可能性有多大?

现在看看韦小宝是怎么追阿珂的。和《101次求婚》的情节有些类似，韦小宝和阿珂的差距很大，阿珂出身世家，有涵养、有相貌，她还深爱着郑克爽。郑克爽也出身名门，英俊潇洒，受人拥戴，无论哪个角度，韦小宝和他都有距离。

注意，在韦小宝心里他压根儿没有这样比较过，没有把这些世俗成见当作虚妄的障碍。

阿珂几次三番地当着韦小宝的面表达了自己对郑克爽执着的爱。有一次很极端，郑克爽被人绑架了，阿珂要韦小宝去救他，韦小宝说救人的唯一办法是自己做人质去换郑克爽。结果阿珂说了一句绝情绝意的话，这句话要让其他男人听了足以万念俱灰：那你就去把他换回来吧!

换作其他正气阳刚的男人，听了这句话恐怕都会一走了之。韦小宝确实也很恼火，不过在他的头脑里放弃的念头也就转了一下，马上他想的又是无论如何要把阿珂追到手。

这就是一种嬉皮士精神，当你遇到真爱的时候要有执着追求的精神，不要给自己设置虚妄的障碍，尤其要注意的一点是，不要被你的“正气阳刚”折断，要有韧性。

不成事不罢休，重要的是把事情搞定，而不是把自己感动得一塌糊涂。以后无论工作生活，凡出现自我感动倾向时就要特别警惕!

还要不服输，不怕输!

真爱赋予生命意义

学生：那韦小宝和一般的无赖有什么区别呢？

区别在于内心有真爱。阿珂最后回心转意愿意和韦小宝在一起，其实是体会到自己是韦小宝的真爱。

真爱赋予生命意义，当你内心有真爱，你会看轻日常琐碎，不再纠结于小利得失，你的锐气会真正发自内心，这种锐气不会被生活抹去，它会让你在各种屈辱压力和风浪中保持不灭的激情！

但要注意，真爱的对象并不一定只是人，虽然对我们所有人来说找到自己的真爱很重要，但这不是生命的全部。这就是今天我们要讲的关键。

我特别推荐大家去看乔布斯 2005 年在斯坦福大学的演讲。这是乔布斯一生中唯一一次在大学毕业典礼上的演讲，他讲了 3 个小故事。在第 2 个小故事中，乔布斯谈到，要找到自己真正热爱的事情，如果你是源自真爱去做事，那么即便起初的事情很琐碎，看着没有多大意义，这些事情终有一天能连接起来，彰显非凡的价值。

乔布斯在斯坦福大学演讲的时候已经经历过一次癌症治疗。而且我们知道，乔布斯早在 20 多岁时，就已经拥有足够享用数代的财富。如果一个人到了中年，查出得了绝症，又不缺钱，那么这个人的选择一定是放下工作，享受生活，甚至放纵地享受。但乔布斯没有，他在生命的最后几年里一直在和癌症抗争，他不缺钱，但他一直在工作，直到去世前几个月。

为什么？为什么乔布斯要这么执着地工作？因为他对打造改变世界的产品有着无尽的热爱，这种真爱让他在走向生命的尽头时仍然保持了强烈的激情。

我要再给大家讲另外一个人——卡普兰，他本是金融家，练过几年钢琴。在和妻子第一次约会时听了马勒的第二交响曲《复活》的演出，卡普兰深受震撼，从此他深深地爱上了这部作品。卡普兰决心要亲自担任这部作品的指挥，这并不容易，因为他没有系统地学习过音乐。不过他多少有点儿音乐功底，重要的是他很有钱，所以他有能力聘请很多杰出的音乐家来指导他，飞遍全球观摩《复活》的各种演出。他仔细地研究了马勒的手稿，甚至追溯了马勒对这部作品每一个音符的修改，在他心中，这部作品早已烂熟于心。

最后卡普兰终于登上了舞台，成为《复活》的指挥。是的，他是一位业余指挥家，只会指挥以《复活》为主的少数曲目。但他的指挥达到了出神入化的境界，他指挥的《复活》由DG（德意志唱片公司）等大唱片公司发行，创下了马勒唱片的销售纪录。

《复活》就是卡普兰的真爱，他仔细研究，对比很多版本，修正了多处讹误，让这部作品再次复活，这是音乐史上的一个奇迹。所以，真爱的对象并不是找个爱人那么狭隘，你们要去寻找能在生命里点燃激情、赋予生命意义的真爱！

只有找到真爱，你才不会活在别人的影子里。

学生：真爱和欲望有什么区别？曾经的女神追到手过日子后，慢慢激情就会消退，这样的例子也不少啊。

如果是这样，我向你保证，你眼中的那个所谓女神只有一个光环而已，并不是你的真爱。

什么是欲望？当我感到饥饿时，我可以吃蛋炒饭，也可以吃牛排，还可以吃面条，它们是可以相互替代的，只是用来满足你吃的欲望而已。

欲望在人生中无穷无尽，成为我们烦恼的源头。欲望永远是过去时。

但真爱不一样，你甚至未必可以得到真爱，比如贝多芬《第九交响曲》就是我的真爱，真遗憾我还不能像卡普兰指挥《复活》一样去演绎《第九交响曲》，也许一辈子都不会有这个机会，但这不妨碍我一辈子都如醉如痴地欣赏它，真爱永远在前面召唤你，面向未来，永无止境！

区分这两者还有一个方法，欲望是顺应甚至调动本能的，真爱则会让你展现超越本能的一面。你对酒肉表现强烈的欲望，这是你的本能在驱使。贪生怕死、偷懒等都是人的本能，但恰如乔布斯和卡普兰的表现一样。乔布斯没有纠结于生死的痛苦，他一如既往甚至更加勤奋地工作。卡普兰孜孜不倦地研究《复活》，投入了很多精力。这些都是超越本能追求真爱的体现。

学生：那么你说的真爱和灵修那些人谈的爱有什么不同呢？

这个问题问得非常好，我想给大家讲个小故事。乔布斯曾经很崇拜印度那些大师，于是便跑到印度去朝圣。他在印度跑了好几个月，没有找到心中的大师，反而在那里生了病，差点儿丧命。他有些失望，因为他遇到的所谓的大师，居然还要别人来供养。后来他疲倦地回到新德里的一家小旅馆，抬头看到了电灯。乔布斯蓦然想到，爱迪生发明电灯的时候，没有谈过爱，没有谈过情怀，但是今天有人的地方就会有电灯，电灯给了我们光明和温暖，这才是对世人真正的爱！于是乔布斯拎起行囊，回到了硅谷，开始打造改变世界的产品。

这个小故事不一定真实，但我很喜欢，乔布斯已经逝去，苹果公司的产品仍在影响我们很多人的生活。

有选择权才有真爱

学生：我毕业后有两个选择，去做我热爱的卡丁车，或者去薪酬很高的地方上班？如果追寻真爱的话，那么我是不是应该选择前者？

不对，你应该先选择后者，如果你不掌握选择权，你是难以追寻真爱的。

乔布斯去印度时，看到满街流浪汉，他感到震惊，在美国也有很多乞讨者，但是这种生活是嬉皮士自己选择的，印度则不同，那里的流浪汉是真正的穷人，他们别无选择，只能过这样的生活。

同样，乔布斯身患癌症后坚持工作，不是说他需要钱，事实上他很富有，这样的状态是他自己的选择，这听起来就很有情怀。反过来，一个经济窘迫的人遇到类似情况还在工作中疲于奔命，这听起来就很凄惨了。

因此，我们先要积累，让自己强大，让自己有实力，让自己有更多的选择权。一旦你如卡普兰一样，在金融领域收获颇丰，你就可以选择去“复活”自己的真爱！

如果想对此有深刻的体会，建议去看看济慈的传记电影《闪亮的星星》。

回过头去，人类存在至今已 500 多万年，农耕社会只有一万年，我们进入现代科技社会只有 500 年历史，进入互联网时代只有 50 年历史。

今天在座的每个人都是进化来的，进化在我们身上打下了深深的烙印。500 多万年漫长的野蛮史让我们摆脱不了动物的本性，文明史很短暂，只有几千年，和 500 多万年比微不足道，但就是这短短的数千年赋予了我们哲学、艺术等神性的光辉。

是的，人就是这样一个复合体，在每个人身上都复合着兽性和神性，复合着约束和自由，复合着欲望和真爱，毫无例外。

金钱不能给我们真爱，但可以满足欲望，它最大的价值是让欲望不再成为我们追寻真爱的障碍。

现在，中国正在经历从熟人协作社会跨入陌生人协作社会的阵痛。

在熟人协作社会中，你会获得一种“安全感”，仿佛你的道路早已经有长辈为你铺平，你不必过于担心自己的前途。殊不知在享受这种安全感时，你已经滋生依赖心，丧失了自我，沉沦在他人之中。

不，如果人生只是循规蹈矩地走一遍流程，那么这样的人生会索然无味。你一定要敢于尝试未来的多种滋味，追寻真爱，到你告别这个世界的时候，才会觉得此生已经尽兴，再无遗憾。切记，作为人，我们是意义建构的存在，面对无意义的世界时，我们总在构建意义，真爱折射的是我们神性的一面，照亮的是我们生命意义之所在，它赋予我们前行的激情和锐气。

过去如此，现在如此，将来也如此！

[1]A. E. TALYOR. Plato: The Man and His Work[M]. New York: Dover Publications, 2011.

[2]ALDOUS HUXLEY. Brave New World[M]. London: Everyman's Library, 2013.

[3]ALLEN BOYER. Sir Edward Coke and the Elizabethan Age[M]. California:Stanford University Press, 2011.

[4]BEN RUSSELL. James Watt: Making the World Anew[M]. London: Reaktion Books, 2014.

[5]BRENT SCHLENDER, RICK TETZELI. Becoming Steve Jobs[M]. Tennessee: Crown Business, 2016.

[6]JARED DIAMOND. Guns, Germs, and Steel[M]. London: W. W. Norton & Company, 2017.

[7]JOHN M. COOPER. Plato: Complete Works[M]. Massachusetts: Hackett Publishing Co., 1997.

[8]JOHN ROBERT MCNEILL, WILLIAM H. MCNEILL. The Human Web[M]. London: W. W. Norton & Company, 2003.

[9] LAURENCE BERGREEN. Over the Edge of the World[M]. New York: Perennial / HarperCollins, 2004.

[10] MARTIN HEIDEGGER. Being and Time[M]. New York: State University of New York Press, 2010.

[11] PAUL STRATHERN, The Medici[M]. New York: Pegasus Books, 2017.

[12] ROBERT SOKOLOWSKI. Introduction to Phenomenology[M]. Cambridge: Cambridge University Press, 1999.

[13] WALTER LSAACSON. Steve Jobs[M]. London: Simon & Schuste, 2011.

[14] Wikipedia [EB/OL]. https://en.wikipedia.org/wiki/Main_Page.

[15] 马丁·伽德纳．啊哈，灵机一动［M］．李建臣，刘正新，译．北京：科学出版社第 1 版，2007．

[16] 兰德尔·凯恩斯．安妮的盒子［M］．北京：东方出版社．2009．

[17] 徐瑾．白银帝国［M］．北京：中信出版社第 1 版，2017．

[18] A. E. 泰勒．柏拉图：生平及其著作［M］．谢随知，译．山东：山东人民出版社，1990．

[19] 布伦特·施兰德，里克·特策利．成为乔布斯［M］．北京：中信出版社，2016．

[20] 沃尔特·艾萨克森．创新者［M］．关嘉伟，牛小婧，译．北京：中信出版社，2017．

[21] 彼得·蒂尔，布莱克·马斯特斯．从 0 到 1［M］．北京：中信出版社，2015．

[22] 马丁·海德格尔．存在与时间［M］．陈嘉映，王庆节，译．北京：生活·读书·新知三联书店，2014．

[23] 玄奘．大唐西域记［M］．北京：中华书局，2012．

[24] 大西康之．稻盛和夫的最后一战［M］．北京：现代出版社，2018．

[25] 理查德·穆迪，安德烈·茹拉夫列夫．地球生命的历程［M］．北京：人民邮电出版社，2016．